今日もお寺は猫日和り

●ひみつ日記●

明窓出版編集部編

6889C
51枚
4袋入
愛犬元気
51枚×4袋入

もくじ

◎ イラスト ◎
口絵　齋藤香織・吉村久美子
本文　齋藤香織・中田恵美

◎ 推敲＆進行 ◎
内山美加

♡ひみつ日記♡

キリコ
（古屋りょう子）

２０００年４月１６にち
ｒａ２３は、わんこのお散歩。私はわぁご飯とにゃあ缶開け。
濡れたダンボールは乾かして所定の場所に置いた。
わんこがお外に出て来たので、飲み水の有無確認とうんちの回収。

４月２３にち
ガーデンテーブルを奥様の発案で、ｒａ２３が作成した。
とっても楽になった。

４月２９にち
わぁのケージ掃除をした。新聞紙を取り替えた。

「新聞紙二日分セット」のありがたみがわかった。

奥様、

「今のように支援のなかった頃、新聞紙はとても貴重だったので新聞紙の間に広告をはさ

えりちゃん

んで使っていたの。本当に時間がかかっていました。」

5月14にち
柿ママさんに初めてあった。電動缶切りも初めて見た。
電動君とはりあって、ちょっと腕が痛くなった。恥ずかしい。
そんな素振りは見せないけど~。(見栄っ張り?)

じじちんたちのお葬式に参列させていただいた。

5月28にち
お堂のお掃除を少し。

メニエルを患っていたちびちゃんが天国に旅立っていた。
仙太郎が仲間入りした。

てぷりん太郎

6月13にち
ドクさんと会えた。

わぁにフィラリアのお薬を飲ませた。
こんこちゃんが保護されていた。

仙太郎がもらわれていった。

6月17にち
DOMONさんに会えた。

あかこんこが具合が悪いとゲージに入っていたけど、近くに行くと「こっちをみなさい」
とばかりに鳴いていた。

りょうちゃんが天国に行った。

ばば一族

6月24にち
1階のわぁゲージ（寝室）にｒａ23と作った木製の名札をつけた。
そこのゲージへはｒａ23と二人でワンコを連れて行った。（14人）
奥様が「すごく楽だったわ」と言ってくれてうれしい。
「名札、かわいい」とも、いしし。

支援置き場の整理をした、ｒａ23えらい！

よしずがちょうど目隠しになっていたのでご飯を作ってい
る最中だいだいこがほとんど吠えなかった、えらい！

あかこんこの具合がとても悪そうだった。
午前中は意識が朦朧としているようだったけど、夜帰る頃
にはすこし表情がしっかりしていた。
がんばれ！　あか！

だんごろべー

6月28にち
あかが天国に旅立っていた。

雨がふったりやんだり。というより、やむ素振りをみせるだけだった。

午後になってやんだと思ったのでわんこを出して、ご飯の準備をしていたら降り出したので急いでご飯をあげて、すぐにおうちに入ってもらった。

みんなも「はいる！　はいる！」という。


今日の教訓。

おうちに入れるときはおうちに近い子から入れてたほうがいいと思った。

玄関で和顔がだいだいこに足を噛まれた。

暴れた和顔の歯が鼻にあたって痛かった。ごめんね、和顔。


雨が降ってみんな退屈してるので骨系のおやつで気を紛らわせてもらった。

おきとra23くん

ぞんぶんにがじがじやってくださいな。

7月9にち
あんずさんと会えた。

遮光ネット、すてき。微妙に日が射すし。とてもいいかんじ。
ra23はもっぱらブルーシートを洗っていた。あんずさんは草刈りを。
私はケイジのお掃除とかした。

今日の失敗
「大急ぎでぽんこちゃんとちびちゃんたちにご飯をあげて」というのを『急いでご飯なんだな』と勝手に勘違いした私はせっせとご飯を作った。
みんなにあげたけど残すこが多いなーと思っていた。

近頃は暑いのでご飯は午後4時くらいにあげている

びび子

らしい。

そして、午前中うんちを拾いながらおやつを順番にあげているそうで。

とほほ。


なんちんをシャンプーした。とても怖がっていた。ごめんね。

7月14にち
ayuchaさんと会えた。
3人いると、なんだかすごくいろいろと仕事がはかどった。

だいだいこにおすわり・お手を教えることにした。

一応、できるけどすごく面白いお手だった。

視線は私が持ってるご飯にくぎ付け、「お手」というと『はいぃ〜っ！（しゅばっ!!）』ってかんじでお手してくれた。奥様も大笑い。

かかさんといらお

7月15にち

今日もだいだいこにおすわり・お手をさせようとご飯を脇にかかえて「おすわり!」といったら、むりやりご飯を食べようとした。

それで、私がご飯を離して「おすわり!」というと大きな声で『わん!!』と言われた。

いいかげんにしろ!ってかんじなのかな。

でも、『わん!』と言う前になんでかぐるぐるとまわるので、「三回まわってわん!じゃないのに……」と思った。

まろあは相変わらず出てきてくれない。かなしい。

ちょびばばが水をあげるたびに全部引っ掻き回してこぼしちゃってた。

かわいいけど、ちょっと迷惑。

気づいたらお水がなくて脱水症状になってたらかわいそうだし。

生全寺、寺の子リーダーさる子

奥様が「ばば、あんたもういい年なんだから
やめなさい」っていってた。

ぽんこちゃんの子供がサークルの角を壊して
（ガムテープを破って）脱走してた。しかも、
犬小屋の陰になって全然見えないところから。
う〜ん、賢いなー。
なんか、みんな犬小屋の後ろに入りたがるな
ーと思ってたら……。脱走かよ!!

8月6にち
半月ぶりにお手伝い。
自宅から折りたたみ自転車を車にのせてきた、駅に置きに
いった。道に迷った。

ばば太郎

こんこちゃん

近所のスーパーで、里親さんを探しに子犬たちと行った。

8月9にち
自転車でお寺まで行く。意外と楽勝。ちょっと暑いけど。

ぽんこちゃんの子供が一人もらわれていた。
そしたら、ぽんこちゃんはあげるのを止めていたお乳を上げだした。
(子犬の牙が痛いので嫌だったみたい)
自分の食べたご飯をもどしてあげるようになった。
(子犬にもちゃんとあげているのに)
『自分がちゃんとしていれば、子犬を連れて行かれない』と思っているのかな。

母の愛に感激。でも、ちょっと、なんだか、悲しい。

えりちゃん

じじくんが夕方天国に旅立った。

8月11にち
ぽんこちゃんの子供、二人目がもらわれていった。
里親会に子犬を連れ出す前は、子犬のいないサークル外でなごんでいたのにね。
また一人もらわれていった今日は、ぽんこちゃん、子犬につきっきりだった。

8月14にち
とても暑かった。今日はｒａ23と行った。
新しくお手伝いに来てくれたきむらさんと会えた。
流し場のところを整理した。

ろく

ぽんこちゃん一家をお庭で遊ばせた。３人の子供はみんな一緒に行動するからかわいかった。
こんこちゃんは子犬にびびっていた。どきどきしている顔だった。

８月１６にち
いぶきさんとあえた。
いぶきさんは昨日からきているらしい。
人手があったので年長順で汚れが目立つこをシャンプーした。
３人できた。
にゃあ缶も５０個くらいあけた。

８月１８にち
今日もいぶきさんにあえた。

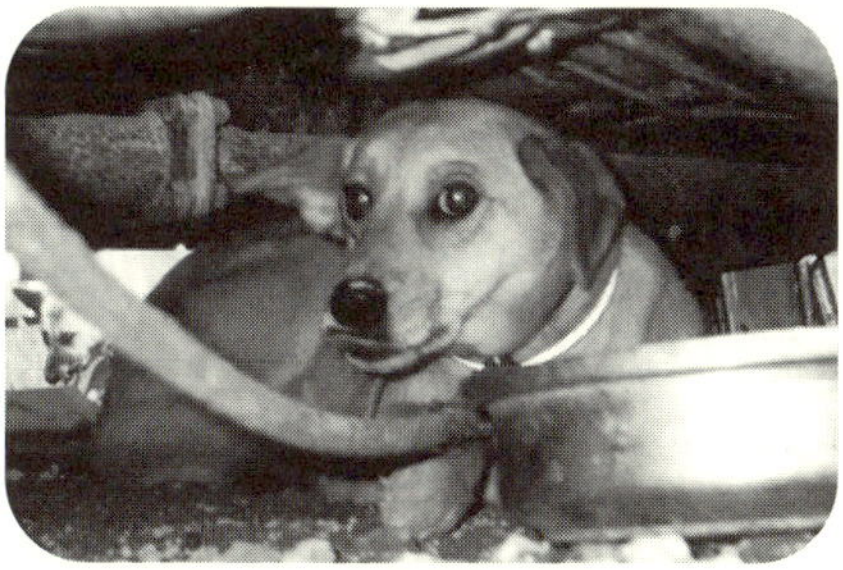
まろは

わんこケイジの配置換えとお掃除をした。ちょー暑かった。

場所が変わってわんこはそわそわしていた。ちょっとかわいそうだった。

しんじゅとさるこの喧嘩を止めようと、しんじゅを抱き上げたらさるこが飛び掛って来た。

最初はしんじゅを抱いている手に、そして私の脇腹に。

何が起きたのかよくわからなかったけど、お腹に飛びつかれたとき「いたいよ〜!!」と叫んだら我に返ったさるこが降りてくれた。

痛かったというか、恐かった。

そのあと、さるこがいたので睨んだら「やっべー……おこってるよ」という顔をしていた。

だから、許す。でも、黒猫ちゃんはどれもさるこにみえて

りこちゃん

ぐり

ちょっと恐いよ。

黒猫ちゃんのさるこが喧嘩しているときは放っていたほうがいいみたい。

8月23にち
ぽんこちゃんの子供、女の子がもらわれていっていた。

ぽんこちゃんとぽんこちゃんのコ2人とこんこちゃんの4人を連れてお散歩に行った。
ぽんこちゃんとこんこちゃん2人でお散歩のときは、2人でよく遊ぶのに子供が居たらぽんこちゃんは子供としか遊んでいなかった。

なんだか感心しちゃった。

8月25にち
今日はやけに暑かった。にわか雨が降らなくてよかったー。

だいだいこ

なんでかわかんないんだけど、夕方暗くなったらすぐにわぁが家に入りたがっていた。
特になにもなさそうだったけど……。なんだったのかなー。
まだ、こねこのみにらごちゃんが天国に旅立った。

8月27にち
ｒａ23と車でいった。
夏休み最後の日曜とあって、いつもより混んでいた。暑かったよー。

草刈とか物資倉庫のブルーシート貼り直しとかちょっとやった。
物干しセットも設置した。
でも、物干し竿が短かった。二番目くらいに長いのがよかったんだろうか……。
長さを確かめて発注すればよかったよー、とほほ。

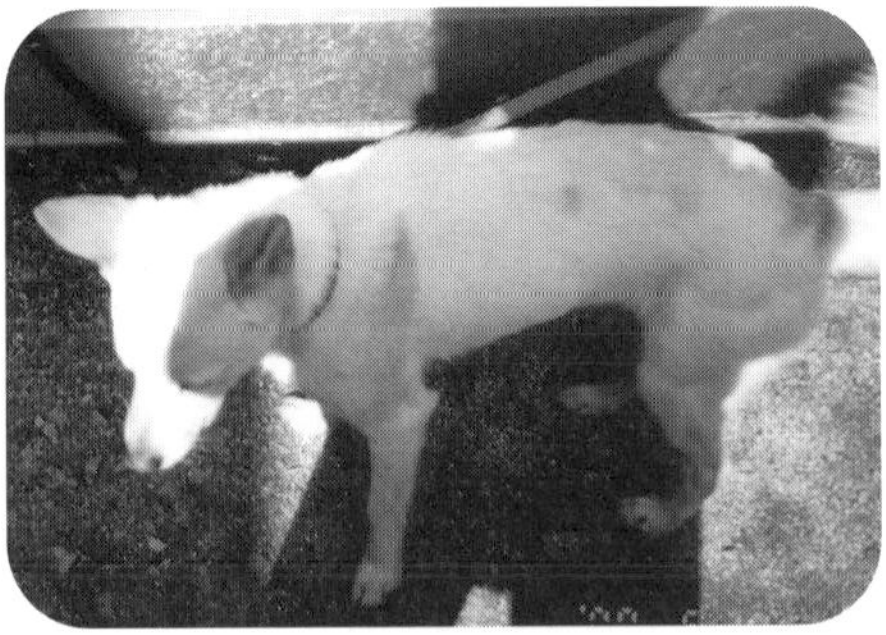

ちょびばば

９月３にち
きょうは、ゆきさんにあえた。
ｒａ２３と電車で行った。たのしかった。
でも、雨が降りしきった。わんこを外に出せなかった。
物資庫の整理をした。

９月６にち
オクさんとあえた。
こないだの物資庫整理の続きをした。
庭の草を刈った。

まかきゃらあ

あしょか

カレンソウをオキのハウスの横に置いた。
オキはなんだか、ちょーご機嫌。お嬢さまみたいなかんじ？　めちゃかわいい。

水溜まりが出来る所に、砂利をまいた。
ちょうどなんちんがいた所で、なんちんなんだかごっきげんみたい。
ＮＥＷ砂利のうえでくつろいでいた。
いや～頑張って運んだかいがあったってもんだよ。ラブリ～なんちん。

ぎんなんこ

10月8にち
今日はやたらと雨が降ってたので、事務仕事をお手伝いした。
夕方、もう降らないだろうと思ってわぁを出してご飯をあげているとめちゃにわか雨。
もーびしょびしょ。

ご飯貰ってない子が、雨に全身打たれながら不安そうな顔でこちらを見てた。
ちゃんとあげるって、ちょっとまってて!!　ごめんね！

なんとなく秋をかんじさせる雨だった。

10月15にち
今日は、イデさんにあえた。
風が強くていがいと寒かった。

物資の整理とぽんこちゃんファミリーズハウスを設置した。
初入居のとき、ちょっと嫌がってた。

10月22にち
今日も物資の整理。フリマに向けてがんばるぞ～いえー。
透明な衣装ケース、超ナイスです。ありがとうございます。

りここ

ぽんこちゃんファミリーは、新居にすっかり馴染んだよう。
夜になって、連れて行くとさっさと自分ではいるようになった。えらいぞ！

11月5にち
今日は、なんだか暑くってちょっと疲れたかんじがする。

フリマまであとちょっと。緊張するばい。プレッシャーばい。
皆様のご支援のお陰で素敵なストックハウスが出来ました。
ありがとうございました。

11月19にち

よもぎ

フリマ当日っす。

ニシムラさんが、車を出してくれたので荷物の搬入がとてもスピーディーだったので、前日からりえちゃｎさんが値段をつけてかつ、分類してくれたので、朝いちの営業開始に間に合ったんす。

今年は一日しか活動できなかったのでとっても、とっても助かったそうでし。

ニシムラさん、りえちゃｎさん、そしてフリマ用品を送ってくださった皆様本当にありがとうございました。

12月10にち

ひっさびさに行ったのでわぁの大歓迎を受けた。

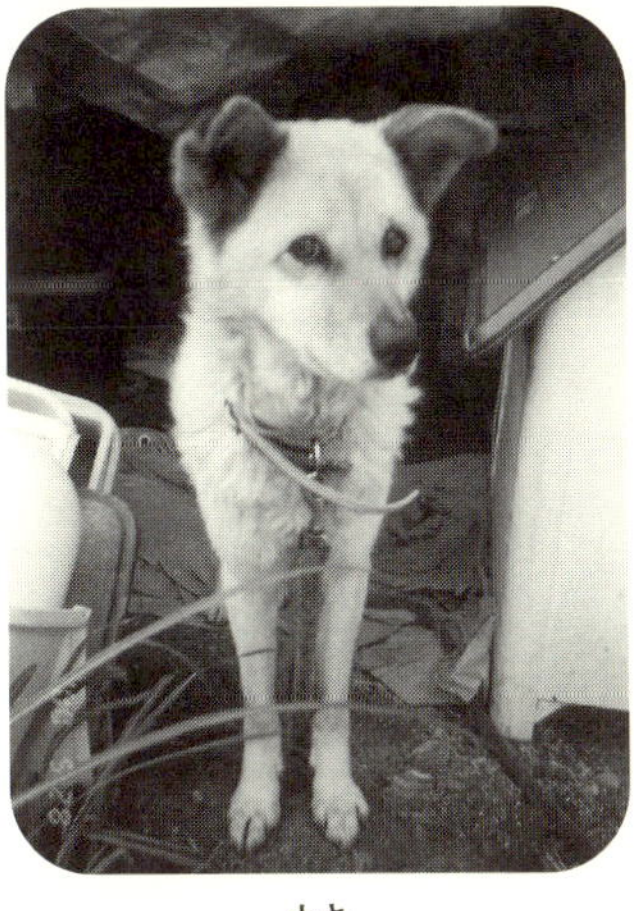

オキ

なんちん

雨が降ったのでみんな手がどろどろ。
おかげで、泥のなかを転げまわったみたいなジャージになった。
でも、みんなが忘れないでいてくれてちょーしあわせ。

2001年1月14にち
ものすごく雪がふった。すごくさむかった。車をぶつけられた。けが人なし。
今日の教訓
雪の日は、家の中にいるべし。

2月11にち
りんママさん夫婦にあえた。駅まで迎えに来てもらった。
ストック兼ぽんこファミリーハウスのカーポートのブルーシート張りをｒａ23がやっ

かかだんご

た。ぽんこ達は、自分で破壊して寒い思いをしているらしい。壊すな〜!!

3月10にち
柿ママさんとBrianさんにあえた。
ひっさびさでごんす。トマトおいちかった〜。
送ってもらった引出しとベニヤ・わぁハウスで、ぽんこハウスを大幅改造。
「メゾン・テンプルぽんこ」完成。

3月17にち
一日中雨が降りしきる。割と寒い。フリマ用品の値札付けを手伝う。
初めて1人きりで車運転していく、途中で右折し

まる

和顔

忘れそうになってあわてた。右折ゾーンに入れてくれた軽の人チョーサンキュー。

3月18にち

あんずさんとあえた。

昨日と打って変わって、快晴。暑かった。

でも、お天気でよかった。

100円ショップでみつけたエプロンをお揃いでつけて販売した。

男の子の分は用意しなかったら（チェックのエプロンなんて恥ずかしいと思って）、「俺らの疎外感が抜群だった」とra23が悲しんでいた。すまんかったの—。

くまら

えれなくん

♡お寺へのメッセージ♡

生全寺訪問記

ジャーナリスト　樫田秀樹

年に一度生全寺を訪ねると、そこにはいつもと変わらぬ光景がある。

私を警戒して吠える犬たち、じっと見つめるだけの猫たち。一方で前足で私を抱きしめる犬もいれば、擦り寄ってくる猫もいる。お世辞にも、帰ってきてホッとする光景とは言えないが、私はこの現場で、人の善意は本当に善なのか、何が人を幸せにするのかを学ばせてもらったような気がする。

寺を三度訪ねているが、その玄関を入るといつも多くの猫が寄り固まり私を凝視する。匂いは強烈、壁にも汚れが目立つ。だが、勘違いをしないでほしい。住職ご夫婦は睡眠を一日四時間に切り詰めてまで、犬猫の食糧調達、トイレ掃除、散歩とぎりぎりの努力をしている。かつて、たった一匹の飼い猫の世話にも手を焼いた私には想像もつかない。

猫百四十頭に犬三十六頭。これほどまでに、生全寺の犬猫が増えたのは、無責任な一部メディアの「猫の保護寺」との報道も大きな要因ではあるが、引越しで犬が飼えなくなる知人の犬猫をわざわざ生全寺に連れてきたボランティアの存在もあった。「これ以上は無理だから」。こう訴える庫裏の妙佳さんに対してそのボランティアが放った言葉は、「俺の顔を潰すつもりか」というものであったそうだ。寺の活動を理解し、猫を引取った翌日に、

「咳をしてるから」と返しに来た女学生もいた。

　少なくともその人々は善意で犬を連れてきて、善意で猫を引取ったのだろう。だが、国内外でいろいろな市民運動を取材している私は、この「善意」とか「ボランティア」という言葉ほど胡散《うさん》臭《くさ》い言葉はないと思っている。包丁はおいしい料理を提供することもできれば、人を殺すこともできる。水は乾いた喉を潤すこともできれば、人を沈めることもできる。善意もその使い方を知らなければ、誰かを傷つける。

　かつて、里親探しなどに協力するボランティアはいた。だが、生全寺で一番求められている「善意」は、文字通りの「クソまみれ」になって働くことに他ならない。だがそんな人は今いない。

　妙佳さんはまだ三〇を少し超えたばかりである。私の身の回りの三〇歳の女性と言えば、子育てにいそしむ人もいれば、企業の中堅として働きながら、仕事の後はエアロビに通ったり、仲間と飲みに行ったり、趣味に打ちこむ人もいる。三〇歳という節

さっとこ長者の一族

目で仕事を変える人もいる。おしゃれを楽しむ人もいる。妙佳さんはそのいずれでもない。たった一日の休みもなく、一年三六五日、四時間の睡眠時間で、犬猫のために食糧を集め、食事を作り、一頭ずつ名前を呼んでは餌を与え、糞尿を片付ける。だが妙佳さんは「でもこの子たちがいるから私は幸せに生きていけるんです」と言い切るのだ。

「本当に毎日が同じことの繰り返しです。でもこの繰り返しのなかで、確かな命と関わっている充実感を感じているんです。服装や食事が贅沢でなくても、それは幸せとは何の関係もないことだと思うんです」

妙佳さん、そして住職さんの活動には、休息もなければ見返りもない。しかし、お二人を見ていると、私は見返りがなくてもいいと思っている。というのは、今自分たちができることをただやる、そのこと自体が実は人生の、少なくともその一日の最高の到達点であるからだ。

とはいえ、時に水光熱費の支払いに困り、時に炎天下を何時間も工事用一輪車で食糧を集め、犬猫たちに埋もれるように眠る生活がいつまでも続いていいはずがない。住職さんは、いつの日か、犬猫たちがのびのびと走れるような広い場所への移転を夢見ている。難しい。だが不可能ではない。

私たちはその夢の実現にどれだけのことをしてあげられるだろうか。大きな夢の実現ほど大きな苦労がまとわりつく。そこには何の見返りもない。せいぜい、住職さんご夫婦から「ありがとう」を言われるくらいである（失礼！）。「それでもやる」と自主的に行動に乗り出す人こそ、おそらく本当の意味のボランティアであり、「善意」をもっている。

生全寺の犬猫たちと住職ご夫婦は私たちに、お涙ちょうだいではない、本当の意味でのボランティアや善意の意味を問いかけているのだ。住職さんを「変わり者坊主」と呼ぶ人を批判する前に、まずは我が身を振り返ろう。私は社会的活動をする際に見返りを求めてこなかっただろうか。「ただ、やる」。生全寺に来るたびに、その尊さを噛み締めている。

ひとこと

山城禅センター堂頭《どうちょう》　門弟（もんて）会代表　後藤瑞俊

まずこの頃問題になっているらしい（多分一部の人でしょうが）「寺は施設か」について書きます。門外の御方がいかようにもお呼び頂いても結構でしょうが、生全寺は施設でもシェルターでもありません、確かに寺には生類がイッパイです。生類の御墓もたくさんぁります。しかし正法興禅護国精舎・生全寺はボロでもバラックでも紛れもなく明確に寺院です。私たちが雲水小僧としてオヤジに随身《した》がって生全寺にいたときのちょっとしたお話を二、三ご紹介します。

生全寺に御参拝頂いた方ならご存知の方も多いと思いますが、真位殿（位牌堂）には数少ない檀信徒の皆様の御塔婆の同じ檀にその数をはるかに上回る生類たちの御塔婆が立派に？並んでおります。そしてその法名はお隣と（檀信の戒・法名）比べて些かの遜色！？も有りません。オヤジは私たちを引き連れて人のそれと変わることの無い葬送儀礼を行なった。そして「戒名を（買名）買うものだと思っている奴、ましてや売るものだと思っている奴がいる、そんな方々への拙の最大の嫌みだよ」と言いながら院号付のとても立派な法名？を付けていた。

オヤジは境内に捨てられた子（わぁ～にゃ～）も里親中の置き去りさんも、寺への持ち込みさんも（お引き取りをするにしろ又アドバイスご相談里親斡旋等にしろ）また交通事

故等で亡くなって来た子にも「善来釈子、みほとけのみ子よ調度として拙たちの修行のためによっく来てくれた、ありがとう」と合掌大問訊で深々と涙ながらにこれを迎えます。そして葬儀にあたっては「生全寺に来てくれて有り難う、いずれの生にかまた会わん（またあおうネ）」と送ります。

偏屈で有名な檀家のオッチャンがお布施のことで乗り込んで来たことが有ります。オッチャンの言い分はこうです。「お布施を料金化しろ、上中並か松竹梅（寿司屋じゃないつうーの）お経の長さで決めろ」というものでした。

オヤジは「お爺ちゃんスーパーじゃあないんでお経に定価は難しいバイ」と語りかけ、「ところでジッチャンなんでまたそげんきまりがいるとね」とたずねました。するとそのジッチャンは、「おんなしお経あげてあっちが百円、こっちが千円ではこまるけの〜。御布施の（お経の長短で）値段決めんね」と、答えました。

するとオヤジは、「ジッチャンは、その御

布施ワシにくれるとね、それとも仏さんにくれるとね」と、たずねました。オジチャンは、答えます、「だぁ〜れがぁ〜おまえみたいな顎坊主にやるか、仏さんに決もうとるがな」と。そこでオヤジは、又答えます。「そうそう、全くそのとおり。それやったらなおのことお布施、お札に注文書は、ヒモは付けられんで。なぜやったら仏さんは、わしら違うて百円やから、十万円やから、若い娘はんやから、爺やから男や女ゆうて、一切全く分け隔てしはらへん差別しはらへんからや」と。さすがのオッチャンも納得?して帰らはりました。

ことのついでに、なんでこのオッサンにつかもうてしもたか、お話しときます。

それは、まだオヤジ（老師）が、京都東山の麓で庵らしきものを結んでたくさんの猫たちと

一緒に安居《あんご》されていたころである。その当時の私は、下宿で書物を何日も読み続けたと思うと、突然参禅や接心に出かけたり有名な先生に手紙を書いたり、訪ねたりで、文字通りオヤジ（老師）の言うところの安心中毒《あんしんちゅうどく》悟り毒であった。

友人から老師の話を聞いた私は、老師（オヤジ）を訪ねてみた。臭かった。決してきれいとは言えない山奥の小屋にオヤジは住んでいた。私が来意を告げてもオヤジは、「ウンウン」と心ここにあらざる空返事をしながら猫のクソ掃除をしていた。「すまんが手伝ってくれ」。「しかし」。私は、口ごもった。「臭いか？」と聞かれたので思わず「臭いです」と答えてしまった。よせばいいのに若かった。私は尋ねてしまった。「ここで修行や座禅をしてはるんですか？」と。「安禅は必ずしも山水をもちいず、心頭滅却すれば、クソ自ら安しだよ」と、ニヤニヤしている。

「このオッサン、アホやろ」と、本気で思ったことを懐かしく思い出します。まあそんなオヤジが好きで弟子になってしまいました。纏まりのない話になってしまいましたが、兎も角私たちのクソオヤジは、かなり貴重品のクソオヤジです。人好きで猫（犬）好きで。爺いのくせに甘えん坊です。人並みと言うことには、おおよそ縁遠い、全く扱い難いおっさんではありますが、ほんとうによろしくお願い申し上げます。

末弟　瑞俊　合掌　九拝

スタッフよりひとこと

宮崎県　長田町子

わたしは今は支援スタッフをしていますが、以前は皆さんと同じ、ホームページで情報を得ただけの一支援者でした。でも、どうしても自分の支援するわんにゃん達の顔が見たくてたまらなくなり（動物好きなもので…）、それともちろんご住職夫妻のお手伝いをさせていただきたくて、９９年4月２８日、２９日に生全寺に行きました。

そして、実際に２００頭近いわんにゃんを見、ご夫妻のお話を聞き、そのお人柄に触れました。

元気なわんこ達の散歩もしましたし、ふんの始末もしました。大量に出るにゃんこの使用済みトイレ紙の入ったビニール袋の山を、軽トラックでごみ焼却場まで捨てるお手伝いをしました。集まった支援物資を移動させたり、それを執拗《しつよう》に狙うカラスと格闘したり、わんにゃんのためのお買い出しのを運転したりと、さまざまなお手伝いをしながら、このお

ワシ、サダムラ。アメショーバイ

二人は来る日も来る日もこれら膨大な作業に明け暮れていらっしゃるのかと思うと涙が出そうでした。

わたしは、ごく一部の作業しかお手伝いしなかったのですが、病気の子の世話や、理解のない周囲の人との折り合いなど精神的にきついこともたくさんあることでしょう。

こうして、生全寺のお手伝いをさせていただき、実際にわんにゃんに触れて、わたしは生全寺の支援スタッフになることを決意しました。

文字では何を書いてもから回りするかもしれませんが、生全寺に本当に犬猫が200頭近くいるのは事実ですし、その子達をわが子のように思い、世話に明け暮れるご住職夫婦がいらっしゃることも、わたしがこの目で見てきたことなので、間違いのない事実です。

私利私欲を滅して、捨てられた犬猫に愛情を注がれるお寺が、たくさんの人に理解され、支援していただけるよう、祈っております。

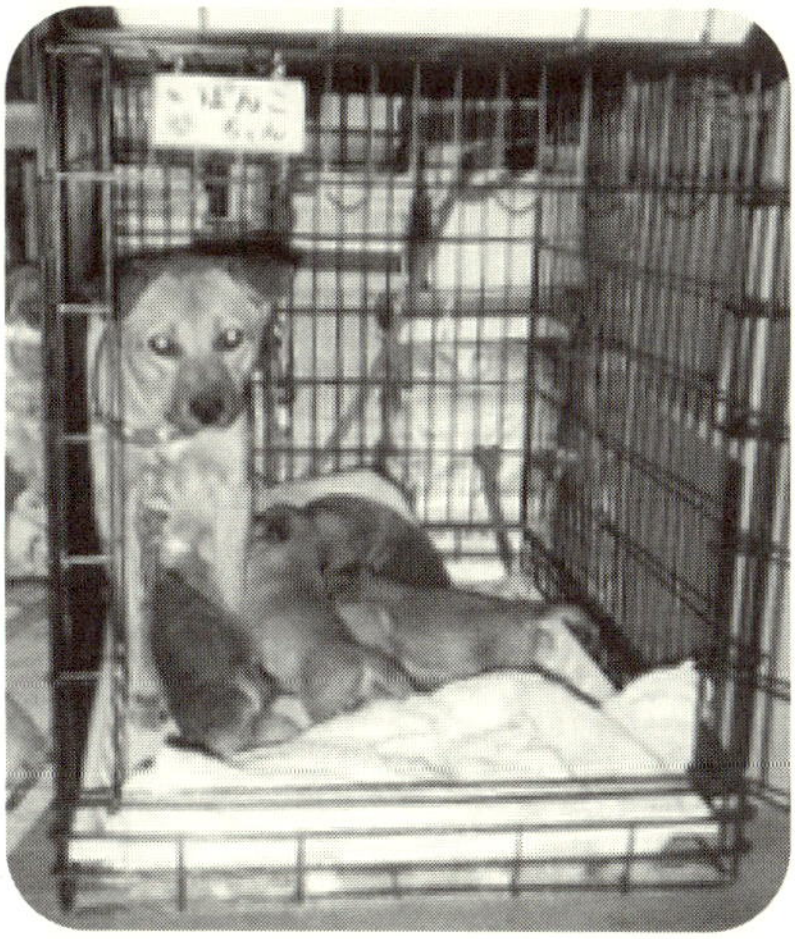

「やっとワシの部屋とったバイ」by ぽんこ

ひとこと

東京都　中野栄子

動物を飼うということは、私達（人間）にとってどういう意味があるのでしょうか？

大きな喜び、苦しみ、楽しい時間を共有する仲間であると共に飼う側には責任が伴います。

お互いが幸せである為にはどうすればよいのでしょうか？　どんなに法の改正がされたとしても私達（人間）が変わらなければ今起きている不幸な犬猫達は減らないと思うのです。これから犬猫（他の動物）を飼う方、今、共に暮らしている方、皆に知っておいて欲しい犬猫達からのメッセージです（これは特に犬の立場に立ったものです。自身がワンコのダーナーなので）

1　私の一生は１０~１５年くらいしかありません。私にとって少しでもあなたと離れていることは辛いのです。私のことを飼う前にどうかそのことを思い出してください。

2　私に「あなたが私に望んでいること」を理解する為の時間をください。

3　私を信頼して下さい。それは私が幸福になるためにとっても重要なことなのです。

4　私を長い時間に渡って叱ったり懲らしめるために閉じ込めたりしないで下さい。

あなたには仕事や娯楽があり、友達だっているでしょう……。でも……、私にはあなただけしかいないのです。

5 時には私に話しかけて下さい。
たとえ、あなたの言葉そのものは理解しなくても私に話しかけているあなたの声で理解しています。

6 あなたが私のことをどんな風に扱っているのか気づいて下さい。私はそのことを決して忘れません。

7 私を叩く前に思い出してください。
私にはあなたの手を簡単にかみ砕くことができる歯があるけれど、私はあなたをかまないようにしているということを。

8 私のことを協力的でない、強情だ、怠け者と叱る前に私がそうなる原因が何かないかとあなた自身考えてみて下さい。
適切な食事をあげなかったのでは？

「お墓もまた楽しい」by こんこ

日中太陽が照りつける外に長時間放置していたのかも？
年をとるにつれて弱ってはいないだろうか？
などと。

9 私が年をとってもどうか世話をしてください。
あなたも同じように年をとるのです。

10 最後の旅立ちの時はそばにいて私を見送ってください。
「見ているのがつらいから」「私のいないところで逝かせてあげて」なんて言わないでほしいのです。

あなたがそばにいてくれるだけで、私にはどんなことでも安らかに受け入れられます。
そして……どうか忘れないでください。
私があなたを愛していることを。

福岡県　キリコこと、古屋りょう子

数ある要支援団体の中から、どうして生全寺を選んだのか。御仏《みほとけ》のお導きだったとしか思えません。

支援者の方々が、私どものことをよくねぎらって下さいます。ですが、援助をするために行っているというより遊びに行っているという方がぴったりきます。とても楽しいです。それに、毎日のお仕事が大変でいらっしゃるはずなのに、お二人は私どものことをとても気遣って下さいます。

ご夫妻のお人柄・考え方の全てに共感できます。御住職のお話を伺って、目からうろこが落ちるようなことも度々ありました。

最も記憶に強く残っているのは、不妊手術についてのお話です。不幸な子を増やさない為、人間の生活を守る為など様々な理由がありますが、手術はこちらがお願いしてやむなく受けて頂いていることを忘れてはならないというお話でした。

不妊手術の是非をめぐって人間同士がいがみあい・憎しみあう。こんなもったいないことはないと思います。どなたも猫が好きで、犬が好きで、道端で誰にも看取られずひとり亡くなる子達を見過ごせないからこそ保護活動を始められたはずです。その方々が胸に感じること・できることをしていけば全国に愛が広まり、命を大切にする人が増えるのではないでしょうか。

　人間関係の煩わしさに疲れたからと犬の訓練士になりたいという人は訓練士には向かないと聞きます。私たちは犬を好きである前に人間であり、人間同士のつながりからは逃れられないということでした。家庭犬の訓練士には人間である飼い主へのケアも重要であるし、ましてや人間の為に働いてもらう聴導犬・盲導犬等の訓練士はいわずもがなであると。

　他者を排除し、利己主義が横行する世の中、弱者は虐げられ、正直者が馬鹿を見る。そんな世界で、声を上げられないもの達が死んでいく。大昔の身分制度と何らかわりなく思えます。自分よりも弱いものを叩く事で満足を得る、私たちは幾世紀も進歩できずにいるのでしょうか。

　爪も牙も、寒さをしのぐ毛皮さえも持たない人間に文明をもたらしてくれたのは犬だと聞いたことがあります。文明の発達が是か非かということは別にして、犬は私たちの友で

今日は楽しい、ワンニャンひなまつり

あることに違いはないのです。

確かに今の私たちは、犬の牙より強い武器を手に入れ、寒さをしのぐ手段ももっています。生活していく上では、もう犬は必要ではありません。だからといってあっさりと裏切っていいのでしょうか。

人間の犬に対するこのような行為は、昨今のリストラによる大量解雇に相通ずる気がします。上層部の経営怠慢が原因であるにもかかわらず、身を粉にし・家族を犠牲にし・会社の為に尽くしてきた末端社員を切り捨てる。そして、幹部は安定を手に入れる。政治にしてもまた然りです。憂き目を見るのはいつも国民＝弱者です。

仏の顔も三度までということわざがありますが、このまま私たちが悔い改めなければ神様に仏様に見放されてしまうかもしれません。

そうではないとしても、世界中の猫や犬がそして家畜が復讐の鬼と化したら人類に未来はありません。

以前見た映画に、クリスマスプレゼントとして子供が犬を欲しがるというシーンがありました。話し合いの末犬を飼うことが決まり、父親と子供と2人連れ立って出かけた先が保健所でした。「犬を手に入れるなら保健所へ」。これがアメリカ全土での常識だとは別に思いませんが、とても驚きましたし感激しました。そして、いずれ処分室に入れられるであろう残りの犬達をみて心が痛みました。もちろん、彼らはタレントアニマルなんでしょうけど。

いつの日か日本でも、動物を飼うなら行くあてのない子をもらいに行く、このことが世間一般の常識となることを願ってやみません。

それとともに、生全寺での保護活動の必要がなくなる日——全国から生きる望みを絶たれる子らのいなくなる日が来る事を信じたいと思います。

あきらめないで
世の中
すてた
もんじゃ
ないヨ

寺の子達へ

慈恵院生全寺&寺の子供達への支援について

生全寺支援ホームページサルバパティ（管理人）　土門正道

生全寺支援ホームページ（以下略：ＨＰ）がスタートしたきっかけは、東京都所在の民間愛護団体へ私が訪問するにあたり、懇意にしている方との何気ない会話からでした。

私「そういえば、以前にインターネットで支援物資募集を行っていた九州のお寺の件は、
　あれからどうなったんでしょうね」、

「そういえば新しい情報は出てこないですね」

私「気になりますね、ちょっとＨＰを見てみます」「ＨＰが無くなっている……」

「それでは、こちらでちょっと調べてみます」

数日後……

「地元愛護団体が諸事情で活動規模縮小、お寺は以前にも増して困窮状態のようです」

私「それは非常にまずいですね」

……というやり取りがあり、動物愛護を考える全国の皆様に緊急ご支援を呼び掛ける電子メールを配布すると共に、それだけでは足りないことから早急にＨＰを作成し、全国の皆様にご支援をお願いするＨＰがスタートしました。９８年１１月初旬のことです。

それ以来、約2年の時が過ぎました。その間色々な問題が生じましたが、寺の子達を救いたいという全国の皆様の多大なるご協力のお蔭でその都度問題解決をしながら、現在に至っております。

この生全寺支援は、当時としてはおそらく珍しいであろうインターネットのみによる、ご支援募集でした。インターネットの匿名性が問題にされる事が多い中、私達支援スタッフがインターネットのみにこだわった理由に、情報の正確性、伝達スピードの速さ、誰もが自由にいつでも閲覧できる、などがありました。TVや新聞など一般的なメディアを利用する事もできますが、放送時間・掲載スペースの問題、編集者による変更など、情報を分かりやすく正確に皆様に伝えることができない場合が多く、また寺の子達が膨大な数に膨れ上がった原因にマスメディアも関与していることから、利用することを一切避けました。

話は変わりますが、最近動物を安易に飼養し身勝手な理由で簡単に捨ててしまったり、保健所などに殺処分を依頼する人が増えており、これは非常に悲しむべき事実です。そしてその被害にあった数多くの犬猫達が現在の生全寺にいます。

平成6年度から10年度にかけて総理府の調べでは、猫だけで毎年約30万頭が殺処分されており、保健所での殺処分は安楽死と思っている方が多いですが、実際には炭酸ガス

による窒息死で、実際に殺処分する職員も嫌々ながら行っていると聞きます。

安易な繁殖・終生飼養の放棄は決してするべきではありません。

動物はモノではなく人間と同じ命あるものです。それを忘れないこと……、大事なことです。

……最後に……、生全寺支援は希にみる長期支援です。何年にも渡り蓄積した問題は簡単に解決できるものでは無く、早急に解決をしようとすればどこかに無理が生じ、また新たな問題を作り出す恐れがあります。

『自分のできる範囲でできることをする』

これは支援発足当時から皆様にお願いをすることで、無理をしながらのご支援は決して長く続くものではなく、これはどんなボランティアにも共通して言えることです。末長い目で、生全寺及び寺の子達をお見守り戴ければ幸いです。

おちび

大分県　あんずこと、藤井美紀

生全寺に初めて伺ったのは、平成１２年１０月、インターネットで生全寺のことを知ってから何カ月か経った頃でした。

「車で2時間もあれば行けるだろう。支援物資の送料をガソリン代にすれば、直接お寺に持って行けるし、何時間かでも現地でのお手伝いができる。そして、何よりもどんな環境で寺の子達が生活しているのかこの目で確かめたい。」

これが、お寺に伺おうと思ったきっかけです。

初めてお寺に伺った時の印象は、想像していたものとはかなり違いました。正直、これだけのスペースで２００匹近い犬猫が本当に生活しているのだろうかと思いました。もちろん、多くの犬猫達を保護することを想定して作られた環境には見えません。長い年月、不幸な子達に救いの手を差し伸べて来られた御住職御夫妻の暖かい活動の結果が今ここにあるのです。

犬猫達の世話の殆どを御住職夫妻だけでやっているなんて、本当にとんでもなく大変なことだと痛感しました。

初めてのお手伝いは、その時保護されていた子犬の「ハス君」と「キー君」の里親探しのイベントへの参加でした。ハスキー模様とブルーの目がとてもかわいい兄弟でした。

あれから1年ちょっと過ぎました。

その間に新しく仲間入りした子、優しい里親さんに出会えた子、天国へ旅立って行った子と、お寺では嬉しいこと悲しいことたくさんあったことと思います。

また、土地問題や御住職の目の手術等たくさんの出来事もありました。

2カ月に1度位しか行けないけど、私がお寺にお手伝いに伺ってて良かったと思うことは、御住職御夫妻の暖かい人柄に触れられることです。お寺にいると不思議と気持ちが穏やかになってくるのです。

そして、一番の楽しみは、寺の子達に会えること。最初は警戒して近寄って来なかったワン達も、何度か会うと慣れてきたのか、あっちでもこっちでも「遊んで～」のコールが。いつもは外でのお手伝いが多いから、ニャア達にはあまり会えないけど、時々会える子達は社交的な子が多くてゴロゴロニャア～。

お手伝いで疲れてても帰りの運転で疲れてもこの子達にまた会いたいから、次はいつ行けそうかなとカレンダーとにらめっこです。

私の時々のお手伝いなんて御住職御夫妻の日々の御苦労にしてみれば、足元にも及ばない本当に微々たるものですが。

寺の子達は、御住職御夫妻や支援者の皆様の暖かい愛情に包まれ、日毎に穏やかで幸せそうな表情になってきています。

これからも、寺の子が幸せに暮らせますように。そして、不幸な犬猫がいない世の中になりますように。

生全寺様との出会い

愛知県　きらきらママこと、牧恵美子

偶然でした。私が生全寺様を知るきっかけとなったのはインターネットを始めて半年程の99年春。毎日犬猫のホームページを目的もなく彷徨っていました。子供の頃からできれば猫になりたいと思うほどの大の猫好き、もちろん犬も好きです。動物好きなだけではできない生全寺様の活動を知った時は、恐らく多くの方がそうだったようにとてもショックで自分の小さな力でも何かのお役に立ちたい、少しでも早く援助してあげなくちゃ！なんて大それたことを思ってしまったことを今でも覚えています。

他にも保護活動をなさっている方々はいらっしゃいますし関連のホームページもいくつかある中で、生全寺様のことが特に気になり今でも続けて微力ながらも支援させて頂いているその出会いは「偶然」というより「必然」であったと信じています。

信仰心が強いと思いませんが常々「人の縁」というのをすごく感じます。当初はまさか自分が現地までお手伝いに行くなどとは想像もしておりませんでした。そこまで決断させて下さったご住職と奥様そして寺の子達とはやはり何かご縁があったんですね（勝手に思わせて下さい）。

初対面のご住職と奥様はお世話好きの明るく気さくなお人柄、想像していた悲壮感は感じられませんでした。大勢の寺の子達どの子にもまるで人間の子供のように、分け隔てな

く自然に世話をされるお二人の姿を隣で拝見できたのは、短いお手伝い期間でしたがとても感動的でした。

家の中と外の出入りを自由にしているある猫ちゃんは道路の真ん中を悠々と歩いていました。後ろから来た車は追い越すこともできずに猫ちゃんを気遣ってゆっくり進んでいました。側で作業をされていた見かねた奥様が「早く避けなさい！」と注意すると仕方なさそうに猫ちゃんは道の端に避けたのです。その後何事もなかったかのように奥様は作業を、猫ちゃんは毛づくろいを。

寺の子達は人間の言葉を理解しています。どの子も皆穏やかで良い顔をしています。生い立ちがどうであれ今、優しいお二人の元で暮らせることができて本当に幸せですね。帰る家もない淋しい目をした犬猫を見かける度に、ただかわいそうと思うしかできない自分を無力で無情だと思います。昔事故で死なせてしまった猫やもっと大切にしてあげたかった犬のことなど懺悔したいことは山ほどあります。そんなやるせなさを寺の子達に代わりに請け負ってもらっているような気がします。助けるつもりが実は助けられている、今は感謝の気持ちで一杯です。

最後になりましたがお二人あっての寺の子達です。どうかくれぐれもお体を大切になさって下さい。そう遠くない将来に又皆さんにお会いできるのを楽しみにしています。

千葉県　コニサスこと、菊本名央江

ご住職様、奥様こんにちは。

あっという間に１２月も半ばですね。

今日は大掃除をやろうと意気込んでいたのですが、根が飽きっぽい私は休憩ばかりです。

今も、数度目の休憩中です。もともと、掃除や片付けって苦手なんです。この大掃除もきっと今年一杯かかることでしょう。

なんとか２０００年中に終わらせたいと思います。

今、ちょうどテレビで、江戸屋猫八、小猫親子が「さかりのついた猫」の鳴き真似をしています。なかなか上手にできていると思うのですが、我家の犬はおろか、猫達も誰も反応しません。

人間の真似なんてこんなものなのでしょうか？

それとも家の猫達が鈍いのでしょうか？

それでも、私が猫の鳴き真似をすると、近所のノ

おんばと宮ちゃん

ラちゃん達はちゃんと反応してくれます。

私の方が猫八・小猫より本物に近いのかな？

（なーんて、ちょっと自意識過剰ですね。）

最近、犬のレオがすこーしだけボケてきたみたいです。（ホントに少しだけ）。以前から、てんかんの薬の副作用で食欲大魔王だったのですが、この数カ月、更にひどくなりました。大魔王ではなく、スーパー魔王です。以前のおねだりは、「クゥーンクゥーン」だったのに、今は「ゥワンッ!!」です。まるで「ワシャまだ食べとらんぞ！　早くよこせっ!!」とでも言っているよう……。

仕方ないので、ゆでたキャベツや豆腐をちょっとだけ、じらしながらあげて、家人の食事から気をそらしています。

食べないよりは食べてくれた方が良いのですが、あまりひどいとそれはそれで心配になってしまいます。

幸い、レオがうるさいのは夕食時だけなので、なんとかしのいでいます。ほとんどが薬の副作用もあるので、どうにもできませんが、レオには元気で長生きして欲しいと思っています。

お話ししましたっけ？　私、家の奴等に睡眠学習しているんですよ。眠っている時に耳

元で「〇〇（犬・猫の名前）は元気で長生き、元気で長生き」ってささやくんです。奥様、ご住職様、お互いが休んでいる時にやってみては？

「ご住職は元気で男前」とか、「奥様は元気で若返る」とか……。

もしかしたら、ご住職はすごーくカッコ良くなって、奥様の疲れもとれるかも？？？

おっと、又、くだらない事を書いてしまいました。

そろそろ掃除の続きをしなければいけません。

汚い字を最後まで読んで下さってありがとうございます。又、お便りしますので、お付き合い下さいね。それでは。

長崎県　柿ママこと、柿原一久子

ドキドキ。ドキドキ。

生全寺の屋根が見えてくるよりも少し早い場所から、私の気分はドキドキ。初めてお手伝いに来た時も、二度目三度目、そして今もそうです。ご住職や奥様に会える嬉しさ。寺の子達に会える喜び。ほんの少しでもお寺の手助けができることへの誇らしさ。……どれも全部、ドキドキなのです。

「現地ダーナーさんのお手伝い日記を書いて頂けませんか？」というご住職のお言葉に悩みましたが（だって私なんかが書いて良いのでしょうか……）、お寺に出逢うことになった経緯や感じることをそのまま書かせて頂こうと思います。

子供の頃、借家から今の家に引っ越して初めて我が家に犬がやってきました。嬉しくて嬉しくて、私はいろんな話をボビーにしていました。働き始めてからジャンガリアンハムスターが同居人だったこともあります。いずれもその時の私を元気づけ、慰めてくれる存在でした。

やがて今我が家にいる猫たちと出逢いました。きり、ぎんた、紗美（しゃみ）。きりとはペットショップで、ぎんたとは転勤先のマンションの近くで、紗美とは現在の勤め先の近くで。ちょっと大袈裟ですけど、猫との出逢いは、恐らく私にとっての人生の転機なのだ

と思います。

一人の友人の強い勧めが、きりとの出逢いになりました。転勤の話があった時、きりと一緒ならどこに住んでも構わない、と考えるようになっていました。そしてぎんたとの出逢い。この頃からいろんな猫や虐待されている動物たちのことが気にかかるようになりました。その心の変化は新たな友人を呼び、新たな出逢いが私を生全寺に導いてくれたのです。そして今、故郷に帰ってきた私は紗美と出逢いました。まだ目が開いたばかりで放り出されてしまった生命と……。

生全寺には沢山のいろんな生命との出逢いがあります。微笑ましいものもあれば、涙を流してしまう出逢いや生命を疎かにした前の飼い主に憤りを感じるものもあります。けれど、どの生命もここでは愛されています。ご住職に、奥様に、そしてお寺を支援する全国の人たちに。お手伝いに行く度にそのことを実感します。

辛さ、寂しさ、戸惑い、時には怒りを感じてきたこともあるだろう寺の子たち。けれど今、お寺にいられる彼らにはそういうマイナスの感情は感じられません。その影なのかな、と思うものを時折、垣間見ることはありますが、ご住職夫妻の深い愛情がそれを癒してきたのだと思います。

お二人は、これまで想像もできない大変な状況に立たされたこともおありだったでしょう。時折触れられる寺の子たちの経緯やお寺の過去の出来事は、胸を痛くします。けれど、そのことを普段は感じさせないお二人や寺の子たちの姿は、お互いの愛情のなせる技なのだと、この拙い文章を書きながら、改めて実感します。お二人はきっと「それは全国の大勢の支援者の方々のお蔭です」、とおっしゃるかもしれませんが、その愛情無くして、生全寺を巡る絆は生まれはしなかったのですから。

ぎんたや紗美との出逢いのきっかけ、寺の子たちの痛ましい過去に触れると、人の愚かさが悲しくなります。

けれど、日々全国から届く様々な形の愛情や温かい想いに、お手伝いに来られる方の姿に、人の素晴らしさを気付かされます。

きっと、お寺に来ることで私の心が元気になるのは、そういう沢山の愛情や想いがここに集まってきているからなのです。生命と生命の繋がりがあるからなのです。体を動かした疲れはあっても、心はどんどん元気になっていきます。だから私には実は「お手伝い」という感覚はあまりないのです。お手伝いしているのは事実なのですが、お二人や寺の子たち、全国の支援者の皆さんに元気にしてもらいに行っている、というのが真実だと思うのです。

そしてお寺の様子を少しでも他の支援されている方に伝える。かつては、遠くて行きたくても行けない、もどかしい想いをしていた私にできる全国の皆さんへのお返しです。けれど、お二人にも皆さんへもなかなか返しきれないでいます。触れた愛情や想いが大きくて……。

他にもお返しをしなければならない人たちがいるのですが……。

私と猫たちを受け入れてくれた両親や親戚たちです。私の猫好きはどうやら母方の祖母譲り。祖母以外、当初は私の猫やお寺への傾倒振りに呆れるばかりだったのですが、定期的なお寺行きや紗美との出会いを経て、今ではある程度応援してくれています。実際、一時は帰ってきた実家を再び出ることも考えていました。これは我が家の猫の魅力（魔力？）とお寺に集まる想いの力、と私は密かに信じていたりします。

中でも強力に影響されてしまったのは、従兄だと思います。特別に猫好き犬好きというわけではないのです。ただ彼は従妹に甘いのだと思います。ペーパードライバーの私の「送りか迎えだけでもしない？」という冗談半分の提案に、ついうっかり乗ってしまったのですから。後日、「一生懸命やってるから、どんな所なのかなと思ってさ」と話してくれました。今ではお寺の大事な戦力です。

寺の子たちがお二人を始め、皆さんに愛されているように、私も両親を始め、いろいろな愛情に包まれていると、恥ずかしながら実感します。学生の頃などに感じたよりも、や

はり今の実感は強いです。年齢のせいもあるのでしょうが、何よりも日々触れている生命や愛情が多いせいだと思うのです。

きりやぎんたや紗美、そして父の愛犬であるルルに「愛してるよ、傍にいてくれてありがとう」と言うのは自然な言動なのですが、両親たちにはなかなか恥ずかしくて言えません。さりげなくこの本を読ませてみようかな、と思っています。

最後になりましたが、こういう大事な機会を私にまで下さったご住職、奥様、ありがとうございます。もちろん、支援者の皆さんのお蔭でもあります。

そして、この本を手に取って頂いた皆さん。ありがとうございました。生全寺を愛する一人としてお礼を申し上げます。

あなたの近くに、あなたとの出逢いを待っている生命があるかもしれません。それはあなただけの出逢いです。

そして、その出逢いは生命を愛することの喜びを、あなたが生きていることの素晴らしさを教えてくれるはずです。

そんなこんなで、今日もドキドキ。

目一杯お手伝いをした後は、またも「元気」をお土産に、二本足の家族とルル、そしてこの世の何よりも愛しい、きり、ぎんた、紗美が待つ我が家へ…。

長崎県　柿ママアッシこと、ブライアン藤田久道

少なからずとも半年前までは、お手伝いをすること（たいしたことは、していませんが）になろうとは、夢にも思わなかったですね。別に、家に飼い猫・飼い犬がいるわけでもなし、かといって犬・猫が嫌いなわけでもないのですが……。

　まずきっかけというのが、うちの従妹（「柿ママさん」）の「ついでがあったら、お寺の辺りまで送ってくれるか、迎えに来てくれない？」の一言が始まりでした。

　話としては、少しは聞いていたのですが、「百聞は一見にしかず」とも言いますので、では一度、送り迎えをしてやろうと、かわいい（?!）従妹の言うことを聞いたのが、生全寺との出会い（?!）でした。

　ご住職と奥様には、初対面のときより、気さくにお声をかけていただき、本当にご両人とも、心優しいお人柄が表れていました。

先ほども書いたとおり、たいしたことはやってないので、おこがましいのですが、最初に現地に伺ったときは、驚きました。

まず、ご住職と奥様が、犬・猫に対し、分け隔てなく接しておられる、お世話されている姿、どれを見ても愛情が溢れている様子が、「ここまでできる人間がいるのか」と感心させられました。

それから、日本全国よりの支援物資についてですが、届けられる支援物資の箱一つ一つから、送ってくれた方々の気持ちが伝わってきました。

そういう意味においては、ここにいる犬猫たちは、日本全国のそれぞれの地域にいる方々に、愛されてるとも感じました。この二つは、そういった意味において、現地でしか味わうことができない。貴重な体験だと思います。

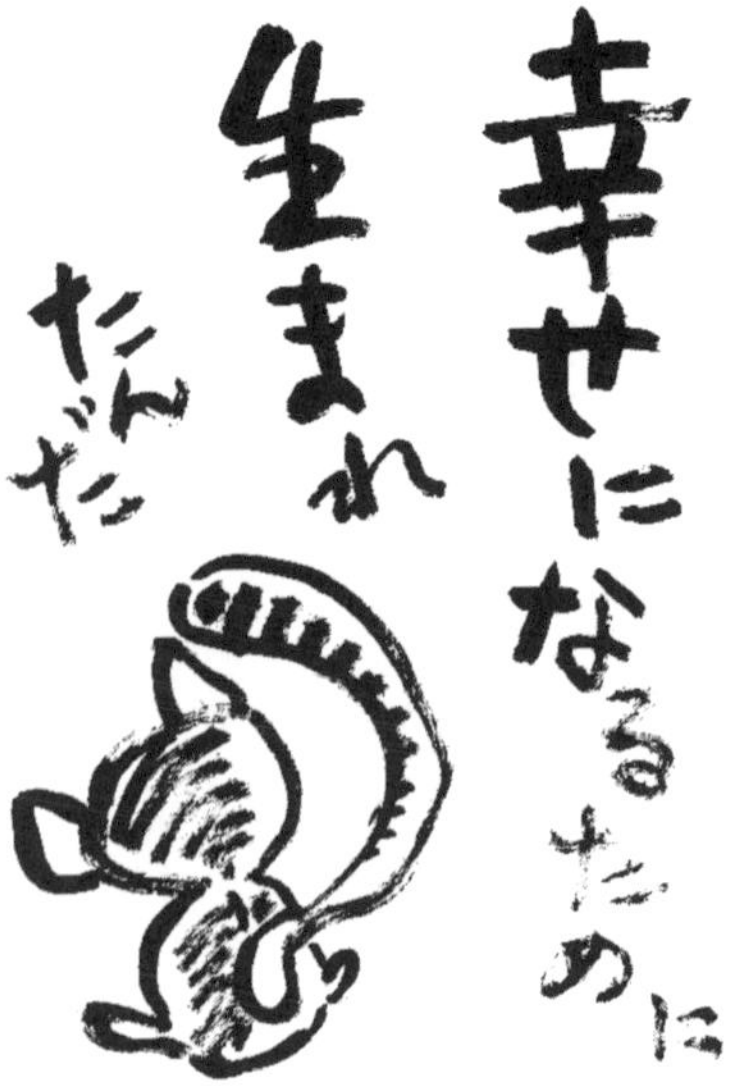

生全寺とともに

大阪府　りえママこと、甲斐理英

生全寺を知ったのは、インターネットで猫好きサイトを見ているときでした。

我が家のねこが家出してしまい、ネットで探してみるという途方もないアイディアを思いつき、パソコンを買ったのです。チラシを配ったり聞き込みをしたり、広告に載せたりと、2カ月間手を尽くしても情報ゼロだったので、藁にもすがる思いでインターネットを始めたのでした。

そこで、生全寺のHPにたどりつきました。200匹のワンやニャンのシェルターを御住職夫婦だけで運営されているなんて……。内容をていねいに読んでいくと、ご夫妻の生き物に対する優しさと、支援者の皆さんの優しさが伝わってきました。事態の深刻さも理解できました。私はさっそく缶詰やおやつを買って送りました。半端な頭数ではありませんから、買うときも全員にいきわたるかどうか考えて買うのですが、1回に送れる量には限界があります。暇を見てはディスカウントショップで買い込んでいました。そんなある日、御住職からお電話をいただき、もっとお寺のお手伝いをしたいと思うようになりました。実はそのとき、我が家には1頭の子ねこがいました。冬の朝、出勤の途中で拾ったのです。風邪を引いていて、ミルクをまったく受け付けず、病院通いを続けました。夜鳴の

たびに起きてあやしていました。お寺にも小さい子がいます。お寺の窮状が人ごととは思えず、ある日、とうとうお手伝いに行くことにしました。大阪からの旅費を思えばばからしいと思われるかもしれませんが、人手にまさるものはないと確信したのです。秋の終わりの1日のわずか5、6時間のお手伝いでしたが、行ってよかったと思いました。

それから1年間は物資での支援を続けましたが、この秋、2度目のお手伝いに行きました。1年ぶりというのに全くギャップを感じさせないのは、まさにインターネットのおかげです。リアルタイムでお寺のことが伝わってくるからです。それに、支援者が増えて掲示板が賑やかになったのもあるでしょう。倉庫らしきものができ、物資が整理して積まれてありました。値札が付けられ、ていねいに袋詰めされたバザー用品の箱が山積みされていて、嬉しい悲鳴をあげました。励ましのお手紙や、おやつも送られてきます。ワンやニャンの穏やかな顔つきから改善されつつある様子がうかがわれました。本当に楽しいお手伝いの2日間でした。また、近いうちに行こうと思っています。

我が家のねこも、夏に拾ったガリガリの子を加えて2頭となりました。家出中の子はまだ帰ってきませんが、きっと生全寺のような優しい家で旅の途中をくつろいでいるのでしょう。思いがけない出会いでしたが、これも何かのご縁と今後も細く長くお付き合いを続けていきたいと思います。

宮崎県　まちこ こと、長田町子

「寺の子（お寺で保護している犬猫）が里親さんにもらわれていく時は、本当にありがたいと思うんだけど、心からうれしいと思ったことは一度もないんですよ。まるで自分の子供がもらわれていくような気がして、やっぱりとても寂しいの。」

私が生全寺にお手伝いに伺った昨年の春の日。お寺で保護している子犬達を、里親希望の方とお見合いさせた時に、奥様がぽつりと言われた言葉です。

それを聞いて、私の心はとても暖かくなりました。ご住職夫妻がどんなお気持ちで、たくさんの寺の子達と接していらっしゃるのか、この一言でよくわかったからです。

「あんた達って、とても愛されてるんだね」。私は心の中でそうつぶやきながら、かわいい子犬達をなでてました。

たくさんのわん、にゃんと暮らしていれば、当然ごはんやりやケージの掃除、散歩、排せつ物の処理、病気やけがの子の手当てなど、枚挙《まいきょ》にいとまがない程の膨大な作業に、日々明け暮れるはずです。ご住職夫妻は、遊びに行くことはおろか、ほっとする暇さえほとんど取れないような生活を送っていらっしゃることでしょう。

ちょいザル

なのに、寺の子がもらわれていくのが寂しいとおっしゃるなんて……。こんな愛情深いお二人に保護されている寺の子達は幸せ者です。

事実、寺の子達は皆穏やかな顔をしたかわいい子ばかり。お二人は寺の子を数える時、決して「1匹」「2匹」とは数えません。「1人」「2人」なんです！　生全寺では、動物は人間と同格です。寺の子がけがをすれば、何をおいても病院に連れて行ってもらえるし、病気になればお二人に交替でつきっきりで看病してもらえます。食事だって寺の子達が優先。フードを1人1人（1匹1匹）に配り終えた後で、お二人はようやく遅い食卓に着かれるのです。

世の中には、動物を平気で捨てたり虐待する人が、悲しいことに大勢います。でも、命の重さは動物も人間も同じ。そんな当たり前のことがわからない人、また、わかってはいても動物のために何かを始めるまでには至らない人が多いこの日本において、生全寺が今、多くの理解者、支援者を集めつつあるのは、ご夫妻が動物を愛し護る活動を、人生を捧げて、まさに「実践」していらっしゃるからに他ありません。

そんなお寺の実践の日々を、この本で垣間見ることができるのかと思うとわくわくしています。今後も支援の輪がさらに大きく、どんどん大きく広がりますようにと、心から願っております。

祝吉小学校四年四組担任　鈴木弘一

初めまして。私は宮崎県都城市立祝吉小学校で4年4組を担任している鈴木弘一と申します。

本校4年生の総合学習「地球にくらす仲間たち」で、この度生全寺のご住職とおく様、ならびに支援団体の方々のご活動を取り上げさせていただきました。

おかげ様で、子ども達に「地球にくらす仲間」の命も自分の命と同じ、大切な一つの尊い命であるということを考えさせることができました。また、これから自分がどう生きていけばよいか、今、自分達にできることは何かということについても、子ども達は真剣に考えてくれました。

その後、3人の女の子が「私たちも新聞さきをして協力したい」と言ってくれました。そしてその活動はクラス中に広まり、今回少ない量ではありますが送ることができました。なにぶん、子ども達の仕事で、雑な所はありますがお許し下さい。

子どもたちのメッセージも同封しました。よろしかったら、ごらん下さい。

毎日、大変なご苦労があることでしょう。お体には十分お気を付け下さいませ。

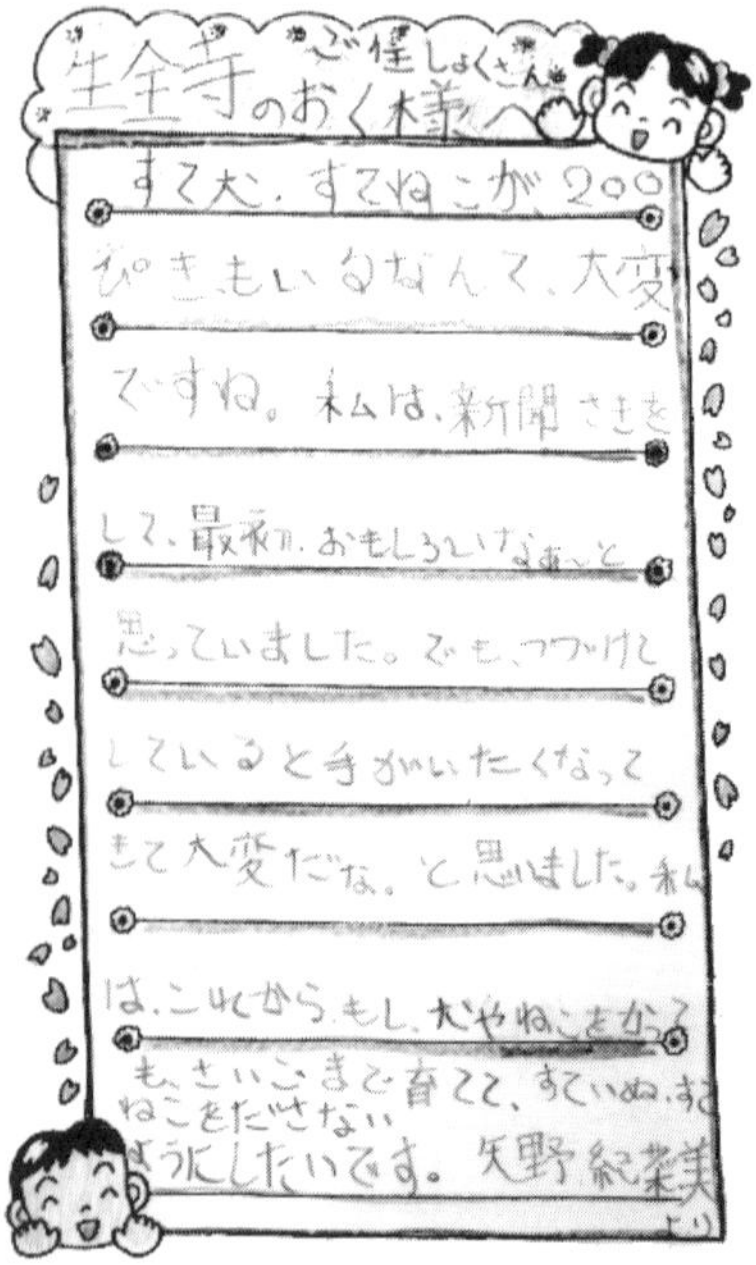
生全寺のご住しょくさんおく様へ

すて犬、すてねこが200ぴきもいるなんて、大変ですね。私は、新聞さきをして、最初は、おもしろいなぁ〜と思っていました。でも、つづけてしていると手がいたくなってきて大変だな。と思いました。私は、これから、もし、犬やねこをかっても、さいごまで育てて、すていぬ、すてねこをださないようにしたいです。矢野紀菜美より

みんなありがとう
by サルコ

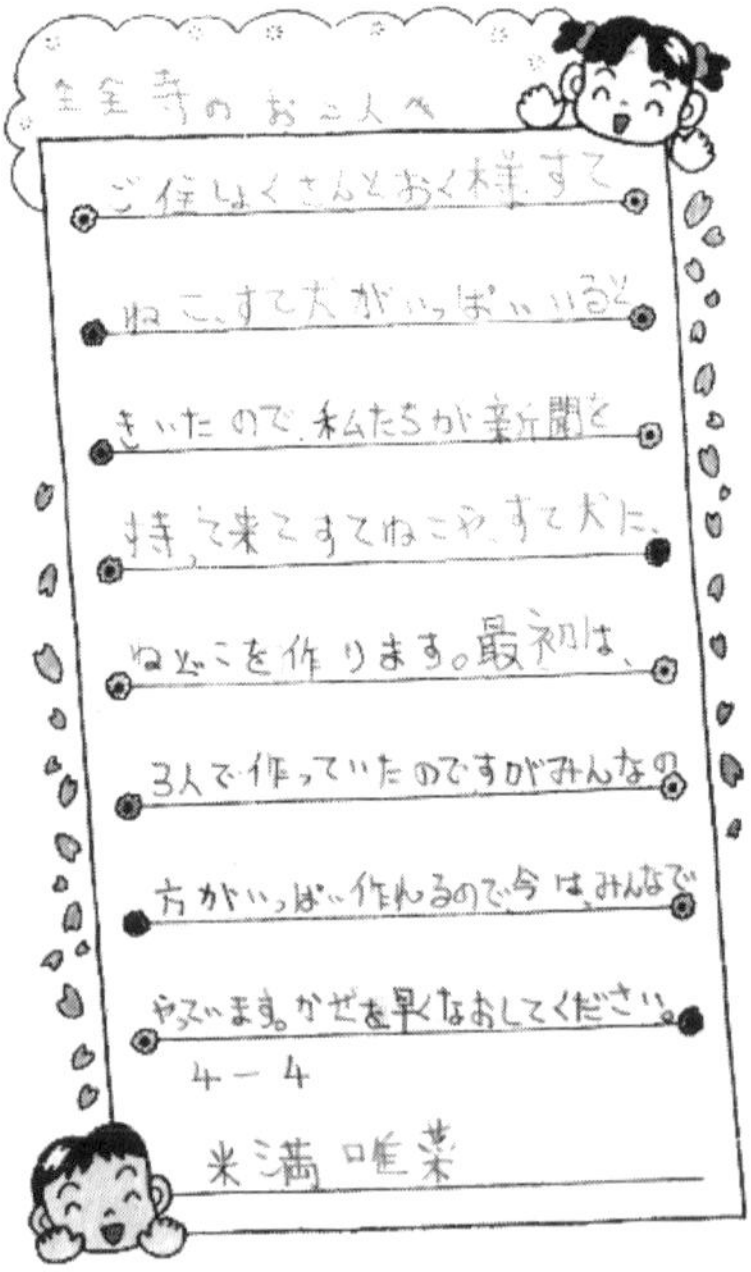
生全寺のおく様へ

ご住しょくさんとおく様、すてねこ、すて犬がいっぱいいるときいたので、私たちが新聞を持って来てすてねこや、すて犬たねどこを作ります。最初は、3人で作っていたのですがみんなの方がいっぱい作れるので今は、みんなでやっています。かぜを早くなおしてください。

4−4

米満唯菜

♡お寺からのメッセージ♡

いらお

・・・・・お寺に連れてこられるまで・・・・・

生全寺　庫裡職　妙佳

オキの場合

９Ｘ年２月、すでにお寺の犬の数は２０頭を越え、今のような支援も少なく猫も犬も、お腹一杯に食べられない日が続いていたある日。

支援者の方が飼い主とオキを連れて突然やって来ました。「これ以上は引き取れない」と言う、お寺に対して飼い主から帰ってきた言葉は「じゃぁ、保健所しかないですね」でした。その間支援者の方は終始無言です。結局はその方のお顔を潰す事もできず、引き取りました。オキはその家族と、ずっと生活してきたので、最初はとても人見知りが激しい子でした。

２日経ったある日、触れさせず吠え続けていたオキが、静かに私の顔を舐めました。

「これから、ここでこの人とやっていくんだ」とオキはオキの頭で考えたのだと、私は思います。８年間暮らした家族を１日２日で忘れて、見ず知らずの人に突然、心を開くわけはないのだから……。

ちょびばばの場合

ある社宅に住みついていた子です。社宅の中の犬好きな方々で可愛がっていたそうです。(首輪無しで、寝るときは集会所の床下、避妊はせず、子供を産んでは、貰い手を探す状態でした)。

ところが、社宅のメンバーが替わり、ちょびばば目当てにオス犬がうろつきだし、苦情が出始めた頃、保健所行きということになったそうです。成犬は里親の貰い手を探すのが難しいこともありますが、保健所に連れて行かれてしまうことを考えると寺に置いて下さいという相談にすぐには決断することができませんでした。

そこへ、支援者の方が「どうせ、2頭も4頭も同じ事。まとめて寺へ連れていきましょう」と、決定してしまい、「これ以上は無理です」との寺の返事に「こちらの方々の善意ですから」とお

山内巡察中のサルコ

っしゃいました。

この方が悪いわけでも、社宅の方々が悪いわけでも、誰かが悪いわけではありません。

保護することは簡単です。しかし、その後その子の生涯を通じ、毎日責任を持ってその子を守ることの方が、遥かに難しいと言えます。

ほんの一部を紹介させていただきました。お寺に来るまでは、どの子も色々な事情があります。しかし、大半の子は飼い主の身勝手な事情で連れてこられます。

いずれ日本の企業はダメになる！　実感です。この子達が居た住宅は九州（日本）でも有数の大企業です。その再建策いわゆるリストラ計画に、生命への配慮はいささかもありませんでした。

・・・・・・・・ある日の寺の子日記・・・・・・・・

冬・・・・・

まだ寒いこの時期、カイセンという皮膚病が蔓延したことは寺の大事件でした。そして私自身生命を預かっている立場として反省することが沢山ありました。へんなちゃん（犬）が寺に来た頃、既に「ケッ」という咳払いをよくしていました。

カイセンに関してもよく知りませんでした。

活字等で得る病気の知識は現実の場面では、実際に見ても早めに気付くことは困難な時期があります。今回のカイセン、フィラリアで感じたことは「知らなかった」「気づかなかった」では済まされない立場に自分が居るのだということでした。大切な子を亡くす度に改めて責任の重さを感じます。

病気の初期の段階で元気がなかったはずの子に、自分がもっと早く気付いていたら……、もっと知識があれば……。

そして、多頭保育でなければ……、という思いが頭から離れません。

一人一人をもっと時間を掛けて看病してあげられてた筈では？　そうすれば結果はもっと違ったものになっていたのではないか？　寺に暮らしたせいで、この子を死なせたので

はないか？　あと何回か多くチューブを使ってでもご飯を食べさせていたら、体力が違ったのではないか？　どう反省しても、詫びても帰ってこないのに……。

春・・・・・

カイセンや蚤の薬等、皆様からの支援物資により少しずつ寺の子の状態も良くなりかけていた矢先、突然保健所の方が来て無断で写真を撮り始めているのが見えました。

近隣からの苦情や、寺の劣悪な状況は役所の怠慢が原因という苦情を入れられた為、結果として保健所が強硬手段にでたものでした。何時間もの話し合いの結果、役所側の高圧的な態度も取れて、少しはお寺の状況を理解してくれたようでした。

その後、皆様の支援により寺の周り（ゴミ集積所付近）に塀（目隠し）を作る事ができました。
塀1つで近隣や保健所の対応が以前とは違ったものになりました。

それから・・・・

7月には集中豪雨がありました。あの日、夏にありがちな夕立の様なものだと思っていました。

しかし、雨は止むどころか豪雨となって塀を傾かせました。目の前で塀が45度にもなって埋もれそうになり（近くには寺の子の墓もありました）、正直、もう駄目だと思いました。

幸いお手伝いの方がみえていた為、一緒になって塀が倒れない様クイを打ち込みました。

これがもつかどうか、雨が早く止んで欲しいと祈るばかりでした。

豪雨が去った後、何とか墓や井戸が埋もれずに済んだことにホッ！とする間もありませんでした。

土地の地盤が弱い為に、塀を立て直すだけでは前の様な豪雨が来れば、どうなるか分からない状況。

土地全体を補強するには、余りにも莫大な費用。余りの事にどうしてよいのか分からない時に、皆様から寄せられた支援により、塀を立て直す工事に取り掛かる事ができました。また、激励の手紙も戴き大変勇気づけられました。

★塀は隣の土地とを仕切っているものです。今回、傾いたことで塀の手抜き工事が判明。しかし、お寺と隣接している土地に関わる人達には、売り地が売却できないのは寺のせいと消臭剤を振りまくなどの嫌がらせをされた事もありました。（支援スタッフより）

KBCテレビ穴井プロデューサー並びに、上野敏子キャスター様。

昨年は大変お世話になりました。お仕事とはいえ、上野さんには、私のつまらない「子供たちの話」を聞いていただきありがとうございました。又、スタッフの方も汚い中、長い時間の撮影ありがとうございました。十日の撮影を終え、「楽しかったな」という気持ちがずーっと残り、「テレビ」という緊張とか照れはあまり感じませんでした。私にとって、猫達の一人一人のいろいろなことを上野さんに聞いていただけたのが、よほどうれしかったのだということに後になって気付きました。それだけでも良い思い出になることと思います。又、番組の生全寺のコーナーも、素敵にまとめて下さり、感謝しています。お恥ずかしいことに、ビデオを見る機会があるごとに、じーんときては涙ぐんでしまいます。テレビを見た、たくさんの方々から励ましのお便りや、お布施をいただき、とても有り難く思います。毎日毎日の番組のほんのわずかな時間のことでも、こうして元気の源になってくれます。テレビの不思議というかパワーというか……、改めて感じました。今朝のマンボウで、雪の中の小学校の子供たちが元気に遊んでいました。あの子供たちの心にも今日のあれだけの放映は、特別の宝物として一生輝くことと思います。番組を作られる方は大変なお仕事だと思いますが、どうぞお体に気をつけられて、これからも小さな宝石をたく

さん産み出されて下さい。

ところで、一月十一日より、3人の子犬を保護しています。里親さんが見つかるまでという気持ちで世話を始めましたが、一日一日たつごとに、このままこうしてうちに……と思ってしまいます。その度に、一人で飼ってもらった方が、遊んでもらえて、おやつもいろいろもらえて、おもちゃももらえて……と自分に言い聞かせています。同じ様な環境で野良をしていても、3人とも性格が違います。そして日がたち、私に慣れていくうちに、それぞれが変化していきます。そういうことを思いながら一緒にいると、手放すのは寂しいです。現実にこの子たちのことを思えば、子犬の今、里親さんにもらっていただくのがｂｅｓｔだと思います。どうぞよろしくお願いします。

「世話、大変ですね」とよく声をかけていただきますが、皆の世話を人に自慢できるほど満足にできていません。私の一日と、皆の一日では重みが違うのに、一日一日仕事を明日送りにして申し訳ないと思います。実は私は、犬の散歩に行くことで、猫にご飯をあげることで、それぞれの子と会話をすることで、救われているのではないかと思います。ある面では、すごく恵まれているのかもしれません。動物と暮らすと、どうしてもお天気に左

右されます。散歩や、毛布を洗って干したり、庭に出れば足がべたべたで帰ってきたり、日なたぼっこするにはちょっと雲が……、風が……etc.と。農業や漁業など自然と接する仕事の方々もそうだと思います。一日一日の日の長さ、夕日の時間帯など毎日が少しずつ変わっていきます。こうして春となり、夏となり……。一年一年、年を重ね、新しく仲間になる子もいれば、お浄土へ旅立つ子もいます。私も二十代から三十代、そして四十代へと年齢を経てゆきます。人の一生まとめて人生なのではなく、今日も人生、明日も人生、そして犬や猫達にとっても、一日一日が猫生であり、犬生であり。

私をじーっと見上げる犬の目を見ていると、私自身がこうして大好きな人間を一生懸命見つめていたときがあったのだと思います。人間に殴られては悲しんだり、でも、ご飯をくれる人に、ちぎれんばかりに尻尾を振ったり……。やはり彼等の姿は、いつの生かの私の姿であると思います。

ついついペンをとると長くなってしまいました。乱筆、乱文で失礼致しました。今後とも私たち大家族をよろしくお願い致します。

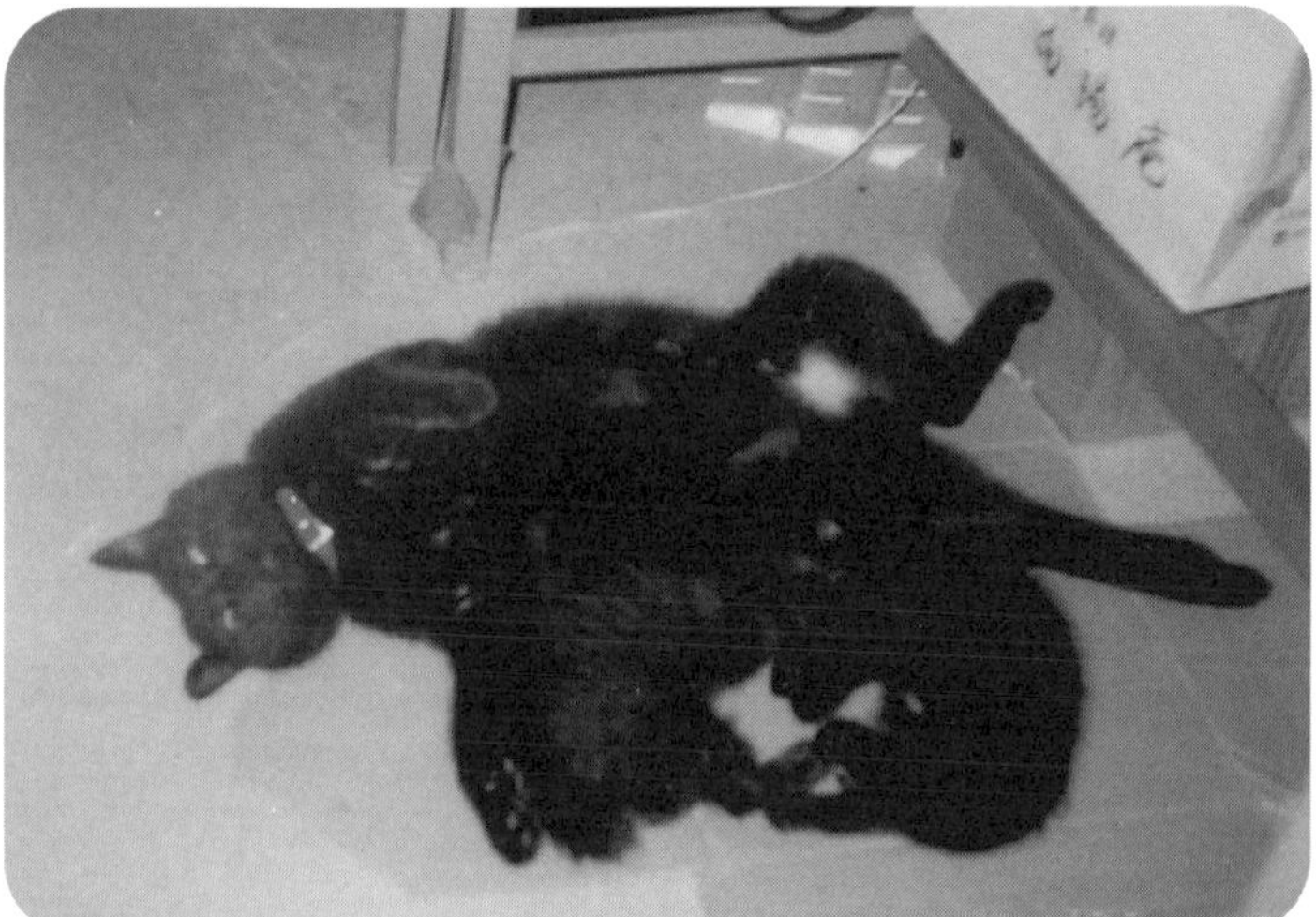

大婆々子、文子、文太

「ありがとう」

生全寺　留守居　聯斌重道

小僧であったころに抱いた思いや信念信条を貫きたいと浅学私度《せんがくしど》の畜生《ちくしょう》坊主《ぼうず》が御理解と御高檀《ごこうだん》御支援並びに叱声、ご批判を糧とし、力として今日まで歩んでまいりました。何も珍しいこともなく、何といって立派なこともありません。それは文字どおり、誹謗中傷、棄嫌、非難の中での闘いでもありました。何が珍しいのか、このような田舎の貧乏寺をあわただしく、メディアの取材陣が訪れていただくようになりました。時にそれは私どもに大変なメリットをもたらしていただいたこともあれば、皆様ご存じのように、多くのデメリットもございました。でも、それゆえに、多くの人々多くのいのちとの出会い、素晴らしい感動と思い出も多く頂戴いたしました。

しかしながら、私どもも多くの皆様からご批判を頂戴いたしましたように、いかにこの子たちとともにこの娑婆を、まさしく寺も浮世のうちにあるこの浮世を渡りゆくためとは言いながら、ひたすら前を見つめ、身の程知らずのひとりよがりで歩んでまいりました。それは、おおよそ坊主とは言い難い、なりふりをかなぐり捨てたものでありました。そのことにより、少なくとも私と歩みをともにしてやろうと、私の考えを少しでも理解してやろうと思っていただいた皆様に大きな迷惑をかけてまいりました。そして、多くの業を背

負い、そして多くの間違いを、多くの過ちをも作ってまいりました。

その度に私たちを背負ってくれる、私たちを導いてくれるこの子たちのやさしい眼差しがありました。おおよそいい加減でわがままで自分勝手な私どもなどが、どうして御仏のほとりに近づけえましょうや。ただ、この子たちがあったればこそ。文字通り、この子たちに背負われ、この子たちに導かれ、やっとここまでやってまいりました。そんな私どもにさえ優しいお言葉をかけて下さいましたほんの一握りのこころある皆様がいらっしゃいました。分け隔てなく、太陽の日差しのように温かくあれる人たちがいらっしゃいました。感涙がとどまるところを知りません。数々の慈しみあるお言葉を頂戴いたしました。でも、とんでもない。「私たちがこの子たちを救ってきたなどとはまさにとんでもない。この小さな、時に不自由な、そしてかくもか細きこの子たちと巡り合うことにより、そのことにより、この子たちを調度《ちょうど》として私たちは救われているのです。この子たちに背負われ、この子たちに導かれ、この子たちにおんぶされ、この娑婆世界、浮世という名の川を、いつもいつも自分勝手で、いつも利己的でわがままな私たちが、この子たちの生命という名の筏《いかだ》の上に乗せていただいて、まさしく渡していただいているのです。

「畜生坊主」、それが常と私どもが背負ってまいりました形容詞です。先ほども申し上げましたように、報道関係の皆様が数々のご提案をもって、（自称他称）愛護団体の皆様とともに出入りしてくださいました。しかし、基本的には私どもはふたりぼっちでございますので、なかなかとご提案どおりの作業に移ることができませんでした。それればかりか、皆様方がご存じのように、私どもを取り巻く環境が著しく変わってまいりました。勝手でございますが、生全寺は数年にわたってそういうメディア、もしくは活動家と称される方々、並びに見学等々を頑固なまでにお断りをしてまいりました。その間の事情は本刊、もしくはこの姉妹刊でありますす**「生全大光いのちを語る」**で、それなりにご説明をし、ご理解を得たいと思います。

しかしながら、私どもはじめ多くのみなさまの長年にわたる念願でございまし

龍三郎

た「動物愛護法の改正」並びに、それに伴う条例の設置、施行、そしてここ一〇年ほどでございますが、私どもがそれ以前には考えたこともなかったような気運の盛り上がり、そして、動物、私どもの言うところのいわゆる生類に関しますことを考える方が、今時の言葉で申しますればブレイクと言いますか、そんなふうに議論盛んになってまいりました。私どもは九州の片田舎でございますので、なかなか中央の方々のように洗練された意見、主張等があるわけではありません。（しかしながら、ながいだけが取柄《とりえ》の）一民間の思いではありますが、「こんな処《ところ》も」「こんな念《おも》いも」あったんだとゆうことを、お伝えしたい、これまでのようにテレビの映像を通したものではなく、雑誌等の取材を通じたものではなく、私どもの真意をお伝えしたいとゆう思いは潜ませていただいておりました。

　そんな折り、私どものホームページはじめいろいろの関係機関に、「生全寺からのちょっとしたお願い」という優しいお言葉を頂戴いたしました。NPO法人、「ねこだすけ」主宰盟友杵屋経人居士《こじ》の「出る杭は打たれるが、出過ぎた杭は打たれない、時が来ました」という、とても温かく、そして力強いお言葉を賜わりました。一途《いちづ》、一心《いっしん》なるべし、皆様方のお力をいつにお借りしながら今回の出版へと突き進んでまいりました。

　皆様には日ごろより私どもの活動等に御理解をたまわり、並々ならぬ御尽力をいただいき、謹んで御礼を申し上げます。

その御支援に支えられます一方、皮肉なことではありますが、妨害や（予想外に犬の頭数が増えたことなどによる）御近所との軋轢も多くなり悪臭や防音対策、防護柵の設置を迫られております。又、糞便等の始末に追われるなか、なお行政（役所）との交渉の日々がつづき、（皆様から陳情の多い）不当捕獲等の問題では、保健所との対決の日々であります。

そんななかにも、交通事故等の身障動物や放置犬などの引き取りや持ち込みで、頭数は増えるばかりです。又、このごろでは、出産したばかりのへその緒の付いたままの犬猫の赤ちゃんたちを私どもにお声を頂戴することなく門前に放置しておかれます。冬の寒い夜などは、私どもが保護したときには、すでに手遅れの時などもあり、急ぎ動物用粉ミルクや保温容器等で、

必死の哺乳、保育を試みますが、非力な私どもには、限度限界があり、その多くは、私どもの手で弔わねばならぬ結果となり、寺とは申せ日々葬式が続くという悲しい念《おも》いをたびたび味わっております。一頭一頭、法名を書き塔婆を作り墓を立て、その墓地に立つたびに「私はいったい何をしているのだろう？」と吹く風に聞き、立つ香煙に涙しながら「私が背負うた生命《いのち》、この生命は、生全寺に、私たちの修行のために、生類《しょうるい》となって、み佛が、来ていただいたのだ」と自ら言い聞かせ、再び我身を振るい立たせております。（その他、私ども生全寺は、交通事故や行き倒れなどのイヌ、ネコ、タヌキをはじめとする生類の遺体の回収ならびに埋葬、供養等を無償で行っております。しかしこれもいよいよ困難になってまいりました）。

　とは申せ、皆様御承知のごとく、このままでは、私どもの限りを越え、この貧乏寺の数少ない収入では、とてものこと維持は困難であり、存続そのものが危ぶまれることとなり、そこで檀信の皆様や、御支援のかたがたの勧めにより、誤解を覚悟で、寺院としての活動を拡げることによる増収によって経済力をつけ、この生類（動物）愛護救済活動にあてるようにと、恥ずかしながら寺院としてのいささかの営業活動（生全寺が整体治復院を併設している事、武道〔特に拳法で知られている事〕等を、チラシやパンフで宣伝し、お弟子の募集や、整体・加持治復の人々の参詣を増員拡大することや、檀信皆様との懇話会）をいたしま

したが、その一日のほとんどの時間を、わが生類寺族の保育、保護に取られる毎日では、活動の支点が中途半端となり、どちらも主体となり得ず、本業の宗教活動（つまり新しい活動布教）は、益々困難であることを、より実感されられる結果となりました。

　そんななか、三つの問題が私どもに追い打ちをかけることになりました。

　まずその一つは、本来私どもの一番の理解者であるべきはずであった数少ない檀信徒の方々から思わぬ詰問を受けることになってしまいました。それは、「寺を守るのか、犬猫を取るのか！」というものであり、このような活動、生全寺との関わりのある者が、迷惑をするような過ぎた生類（動物）救済活動を続けるなら一切の援助はもとより、交際や関

わりを断つというような乱暴なものでありました。しかしながら今にして思えば私どもにも反省は多々ございます。長年にわたって、このような活動をつづけてきた私どもでさえ、時々に激しい疑問におそわれます。又、恥ずかしながら経済的苦しさからくる後悔が多々ありますに、「命の前にすべては平等である」「生命の出会いは自己との出会い」したがってちいさな生命もいのちとして救いましょうと、心地の良い言葉を並べたて、本来の意味での、現実としての、この活動のむずかしさ、たいへんさを、体験もしくは、御理解されていない人々を、信徒さんだから、理解者だから、友人だからと簡単に巻き込んでしまったことです。

今年も又、転勤や移動の季節がやって来ました。多くの生き物が人間の勝手な事情で捨てられたり、殺されたりしていきます。この種の活動の難しさは善意の標榜、もしくは、善意の先行にあります、気持ちの先行だけで多くの浮浪動物を私ども、もしくは、私たちと同じ様な活動をなさっている数少ない動物医さんのもとに持ち込まれたとしても弾無き鉄砲、兵糧無き籠城のようなものです。イヌ、ネコを捨てる人、手放す人、そして、善意と福祉の名のもとに、それを仲介する人達にとってとても気持ちの良い晴ればれするような行為でしょう。しかも実働や実害の受皿は、私たちなのです。いやみや乱暴な発言に聞こえればお許し下さい。でも、結局のところ私たちには何の受け皿も余裕もありません。もちろん嬉しいことも楽しいことも、感動もたくさんあります。味わうこともできます。

でも同時に、実働、そして実害、つまり私どもがなんの受け皿も用意されること無く、実害と実働の生命の責任を背負う形となります。それに反し、「結婚するから」「子供が生まれるから」、「転勤に同行できないから」、「管理不足で繁殖《ふ》えすぎて……」と私たちに振ってしまえば、それを言いたてた人、それを仲介した人、その人達の気持ちは、晴ればれとして、すがすがしく、文字通り後顧の憂い無く新しい生活に臨めるでしょう。しかし、この置き去りにされた生類たちには、なれた家、なれた顔、やさしい親たちと離された新しい仲間や環境がはじまります。生き物たちにとっては、命がけの毎日なのです。思い上がりを承知であえて言います。かかわった生命は、最後まで看取《みと》るが原則です。出会った生命もやはり授かった生命に同じです。我が子です。その人達、あなたの中に、厄介払いをした、肩の荷が下りたというような心にひそむ免罪符を頂いていませんか？　この様な私どもの世話人をして頂く方々の（決して全ての方々がというわけではありませんが）多くは、多頭保育の経験は無く、一頭か二頭、まぁ多くても五頭六頭程度の保育経験であり、百頭をはるかに越え、日々闘いと言える私どもの毎日はなかなかと御理解いただけるものではありません。電気代もガス代も通常の何倍とかかり、生き物の頭数を考えると一時間と寺を無人にすることは困難です。異変があればとんで行き、元気がなければ昼夜を問わず看病がつづきます。犬達による共鳴きがはじまればこれも昼夜を問わずしずめねばならず、また皆様御存知のように、医療費はもとより保育器具等の設備は不足する一方です。人とは悲しいもので、まず「私《わたし》」つまり「自我《じが》」を中心に物事を考えてしまいます。ですからオシャカ様は「無我《むが》」であれと教えられました。それはとりもなおさず「自分《わたし》」では無く相手の立場でものごとを見れる「空《くう》」なるこころ、私の「欲《おもい》」にとらわれないということでしょう。「自我《わたし》」から「無我《すべて》」への転換でありましょう。「私《わたし》」つまり「自我《じが》」を手放しで見ていただければとても簡単で透明なことが通常の見方では、見えなくなってしまいます。彼の人達は言います、「せっかく生全寺に犬（ネコ）を連れて行ったのに、ましてエサ等をとどけたのに器等の洗い方も汚いし栄養も足りないみたい」「ほとんど世

話してないんじゃない」と。また「せっかく缶詰等をお布施しているのに、医者にもなかなか連れて行けないみたいだし、薬も不足しているみたい、死んだら何を言われるかも知れないから取り返しにいこ……等。イヌもネコも「生類」生命あるものであり物品ではありません、玩具《おもちゃ》ではありません。自らの感情のおもむくまま生類をあつかってはならないと思います。何度も言います。生類は、私を照《うつ》す鏡でありましょう。文字通り生命あるもの、み佛なのです。救世《ぐせ》聖徳皇《しょうとくこう》、摂政の宮大菩薩《だいぼさつ》（聖徳太子）は云われます。「彼はそれ、我を照すに鏡の如し」であると。私達は、こんにち太子の残し

愛語

置かれた風、春秋二回の彼岸会《ひがんえ》に浴します。古来よりこころある人の多くは、この時期に寺等に詣でたり、心を鎮めたりする時間《とき》として、この私《わたし》の岸《きし》の自我《おもい》を捨てて「彼岸《ひがん》」、彼《ほとけ》の岸へ渡る法《すべ》を学《まね》びます。欲《わたし》というボケを離れて彼《あいて》の岸に立《たちば》てる修業をいたしています。「生命の学び」は、「私」の見栄や体裁でするものではありません。自分勝手な事情や中途半端なごまかしと不充分を許しません。私たちは、いや私は、生命を先とします。生死《しょうじ》の滝はごうごうと音をたて流れて止みません。生死は佛のみいのちです。「私は」の勝手な事情を先としたり変節したりいたしません。さればこの畜生寺の顎《アゴ》坊主は、生命のために物乞いもいたします。恥もかきましょう。たすけも乞います。生意気ながら泥田の蓮、生命の花を咲かす永遠《とわ》の人生《たび》を、私の愛しい子ども（ワン・ニャン）たちとつづけます。生命の旅を人生《いのち》を持ってするに何の悔いがありましょう。イエス様は「隣人《となりびと》を愛せよ」と説かれたと云う。私には、この言葉はわが太子の鏡の教えそのままに、相手の立場を愛せ、おもいやりなさいと聞こえます。時として、人は知らずやに、人として最も大切なものを見失って、自分の勝手な立場や、あさはかな思いのおもむくまま、私達にとっての真実がいずくであるか忘失してしまっているのではないでしょうか。考えれば、単純な引き算ではありませんか。おおよそ、一般的な社会通念と常識を持つ生活をいとなむものにとって、自らの生存生活の範囲を越えて、なに事か活動を成すことは、できません。それでもそれを成

す、私どもは、常識と秩序の範ちゅうを越えた目障りな存在となっていたのです。これはいわば村八分であり、知らずやに、いじめの対象者に作《な》っていたのでしょう。しかし、このようなアウトサイダー的な局外者とされる、少数者の覚悟なしに、過去いかなる運動も推進されませんでした。一切の人々に身分的差別は無いとして、カースト制を否定する釈尊（お釈迦様）の教団も、当時の正当者婆羅門《ばらもん》（Bramana）から見れば非正統者である沙門《しゃもん》（Shamana）でありました。私たちは当然のこととして家族が、そして地域社会が平和でより安全なるを願うは、事として誰もが同じでありましょう。そしてそれが保たれればより思いを高め、村が、町が、国が、世界がと拡がって行くことでしょう。しかし、それは時に有明海のむつごろうの干潟に代表される様に、開発の名のもとに、高速道路の開通のために、切り倒された木々や山や谷や水流など多くの緑に見られるよう、弱い者達、もの言わぬ大自然の音声を閉ざすことによってでき上がっているのです。そんな時、私達はほんの少しでも、わずかでもこころのふるさとに耳をかたむけませんか。全ての生命に手を合わせ、少しだけ謙虚に、ほんの少しだけ人間の驕りをみ佛にあずけてみませんか。いささか筆勢が話を長くしてしまいました。お許し下さい。

　はなしをもとにもどします。つまりこの人達が、私の喉元につきつけた切先は、こういうことでしょう。「経済活動（本来の寺としての活動とこの人達が思っている活動）を優先

して、我々に迷惑や心配をかけるな。宗教的空間は、動物の空間と区別して、出入りを禁止しろ。寺に参るのに、生き物の毛がついたり糞便等、いやな臭いがいるところに誰が行くか。改善しろ」。まあそのようなことです。

想えば幾年になりましょう。私がはばかりなく生類供養や水子供養等、生命の差別をすること無く、あらゆる供養ができる場所や寺々を求めて転々と致しましたなかで、いくたびか、この種の同じ質問をくり返しました事か……。私ども沙門と申しますか、つまり寺内《てらうち》の者は、布施と一般的に称する施しを受けて、成立するものであります。したがって理解者即支援者であるわけです。このインド起

だんごしゃん　　ちょびん

源の檀那《だんな》（布施）dānaということは、日本人には、なかなか理解されないようです。本来最も尊ばれるべき無償の行為であり、見返りを求めない真のボランティアであるわけです。それは時に財施であり、また労施つまり労働奉仕でもあり、さらに心施つまり、愛語（和やかな顔とやさしい言葉）やいたわりに代表される法の施しでもあります。繰り返しになりますが、本来の布施（ボランティア活動）は、施す側、あたえる側も、施される、あたえられる側も、なんの見返りもかけひきも存在しません。もし何かあるとしたらそのどちらかに何か邪な心、邪心という魔物が存在したことになります。お受けする側も、施す側も管《ひたす》ら全ての生命の幸いと世界の平和と人々の安穏を

交通事故に遭い下半身不随のチビ

願って合掌の心でピタリと一致する、くどいようですがそれがお布施のこころボランティアの精神です。しかし「お金」です。言いふるされたことながら日本の風潮はやはりエコノミックアニマルなのでしょうか。最高の価値基準はお金であり、生活等すべての基準も、やはり金銭であるようです。こころよりも生命よりも金となってしまった、現代日本人の多くは、施しを受ける事は不労所得のように映るらしく、施しを受けるものは惨めな存在でなければならないと考えている様です。（全国で報道される生活保護者に対する差別や役人のいじめ等は、このあたりに遠因がある様です）。道元禅師が示されるよう「治生産業もとより布施である」との教えは、為政者の真の理解なしには、わが国に於けるほんとうの意味での福祉の改善はありえないことでしょう。ですから布施、支援等をした以上、何かの投資のような錯覚を起こしてしまい、口も出す、声も出す、是非善悪倫理感の査定から思想性さらにプロフィルの追求までまるで株主総会の様相であります。我国に於ける各種福祉団体の立ち遅れも、案外こんなところに一因が求められるのではと愚考致します。この様な考え行動を成す人達は、古来よりいたようで、時々の文献に見えかくれします。まあこのような一部の人達の行為も全く理解できないものではありません。しかし、今お便り申し上げております皆様のように、真実見返りを求められること無き誠の支援者がたには御理解外の存在でございましょう。本来私の出発は、「あなたはあなたの生類家族（犬や

猫、ペット達）と一緒の墓に入ることができますか？」「あなたの家の墓に生類家族を入れてあげてもかまいませんか？　また、それを願いますか？」でありました。私たちは、生涯を通じて、家族として、私たちが出会った生命生きものを文字通り、揺りかごから墓場まで、み佛からのお預かりとして、生死は佛のみいのちとして手に、掌《たなごころ》に拝受《う》けていきたいと願います。生命の前に、み佛の前に、全てのいのちが平等《ひとしお》であると真正面から向かい合い対峙《たいじ》する、それが佛法の始まりであり、完《おわ》りでありましょう。私たちのいのちは又、生類を見るに鏡の如しです。このちいさないのちも、いっしょうけんめいがんばります、いっしょうけんめい生まれてきます。親ネコ、親イヌ達はいのちの全てをかけていっしょうけんめい出産し、全く人とかわることなく自らのいのちを削って、ただ育みあたため、小さな子も、大きな子も、弱い子も、元気な子も分けへだてする事なく、ひたすらそだてていきます。でも、悲しいけれど、病み、年を重ね老い、そして逝《ゆ》くもの、看病のかい無く幼くして逝くもの、まさに人のそれ、生老病死そのままに生命の海を流れて行きます。私たちはこの生き類《もの》というみ佛の鏡に我が身を映して、自らの姿を見せていただいているのです。時間《とき》は回《めぐ》るでありましょう。人々の想いを乗せて、しかし、私どもは而今《いま》、不遜な言い様かもしれませんが、このちいさくそしてきたないかもしれない、病気もするし、年も重ねる。鼻水も垂らすし、目脂《めやに》も出す。糞、小便もする。それ全てが生命です。私達

といささかもかわることなき生命です。嫌われて生い茂る草もいのちなら、惜しみ愛《いと》しまれて散る花もいのちです。生命の空、生命の海はよせて返して、返してよせて尽きること無き、そのいのちの海を、この小さな生命とともに「帰一《きいつ》」同じく渡り行くこと、ともに同じ生命の海を流れて行くこと、只管一心《しかんいっしん》なるべし生死の海をともとして行くことしかありません。頑《かたく》なになっているのではありません。世渡りに不器用であることは、皆様に迷惑をかけることなのかもしれません。しかし、私たちは、一人でも半分でもいい、全ての生命が同じく平等《ひとしお》であると御理解いただける方々と歩んで行きたいと思います。

つぎに、いま一つの問題は、この生全寺を取り巻く環境が一変しつつあることです。御近所等への若干の配慮は要るものの、動物達と暮らす環境としてはわるくても十年は大丈夫だろうと思われたこの地域に、時はずれの開発の波が押し寄せつつあります。あろうことか寺地の全くの隣接地に分譲住宅予定地が造成されはじめ連日、ユンボやトラクター、ダンプカー等の出入りが続いております現状です。今後は、動物の汚染用品の焼却はもとより、散歩すら問題となりそうです。さらに悪臭や犬達の共鳴き等、より問題は多く開発業者の人々との交渉もはじまり、長い間の念願の末、わずかとはもうせ私財のすべてを投打てたどり着いた観山の麓でありますが事実上このままでは近い将来この地での生類達の保育・保護活動ができなくなることは歴然となってまいりました。

さらに、いま一つの問題がございます。生全寺の寺域の一部は、現在私どもの檀信であるA居士の御厚意によって生類達のために無償貸与されているものであります。そのA居士が先般急逝され、一応御家族より御相談が出されております。これらの事がらを複合して、愚考致しますれば、最早生全寺に於ける実質的な、生類（動物）救済活動は、この地では成立たないのではないでしょうか。たとえ当面の解決策として、防護柵等の応急処置をしたとしても本来的な解決にはならず不遜な計算かもしれませんが、今日、保護した幼ネコ、幼犬が天寿を全うするとすれば十年以上、今いる百頭以上の生類

等を全てを看取るまでに十年いや二十年近い年月を、頂戴せねばならず、日々に追われるまま常に後手後手に回ってきた私どもの愚考を改め、すこしでも早く抜本的な対策をたどるべきであると考え、心ある皆様を選び、全てを明かし、広大の慈心並に英智名案を頂戴するしかないと、かくは長々とご報告させて頂いたしだいであります。

よく私どもはたずねられます。「どうしてここまでのことになってしまったのですか」と。私どもは思います。このような活動は理性の産物ではありません。ほとんど感情（私の念いの）世界なのです。理性で考えれば手術代がいくらかかるかもわからない交通事故等の生類を保護することは気持ちがあっても現実には不可能です。それはただこの子を、この生命を救いたいその一心です。治療費や家計は二のつぎ、三のつぎでその時の思考からはとんでいます。それはまさしく而今なすべきをなせとされたおシャカ様の説かるる毒箭《どくせん》の譬喩《ひゆ》さながらです。あたかもそれはとても幼かったころ雨の中でドロドロになった子犬を拾って「どうやって家に連れて行こうか」「どうしたら親に犬を飼うことを承知してもらおうか」と泣きべそをかいていた少女（少年）時代の思い出そのままです。たしかにまわりには御迷惑で思考外のことであります。み佛のこころは、ちいさな子供にのみ宿るのではありますまい。時間という流れに老ゆるは、いささか悲しく思います。子供のままのこころとほほえみ、あの子も佛、この子も菩薩《ほとけ》とありたいと願うは、いささか過ぎたるであり

ましょうや。ただただと力不足ではありますが止《や》むを一期《いちご》として私どもは歩んでまいります。たおれてのちを誰《たれ》かが問《と》うらんと。なにとぞ十万の檀信諸兄弟《しょけいてい》姉妹《しまい》大姉大居士、慈恵大悲のみこころをもって今後とも御理解と御支援御協力をたまわりますよう伏して御願い申し上げます。

右、勝手ながらこの窮状を御汲み取り下さり、なおの御厚温を御授け下さいますようひたすら御願い申し上げます。

平成戊寅　七月吉祥

大聖正法興禪護国精舎　観麓山　慈恵院生全寺

沙門　大光　和南　九拝

巳卯　四月　再拝

たびたび御高檀をたまわります佐藤大姉からお手紙をいただきました。そのお手紙について申し上げる言葉は要らないと思います。お読みください。拙は感涙《かんる》の止むところを知りません。まさに、日々命限《ぎ》りでございましょう。病む日も照る日も、曇る日も、かつて大垣の老師（註・岐阜県大垣市に住持された小澤道雄老師。両足切断を余儀なくされ身障者となられた時、「本日只今誕生」と大悟されたという。著書に「本日ただいま誕生」がある）がおっしゃいましたように、生命とはまさに「本日ただ今誕生」、時々刻々日々ただ今誕生です。「本日ただ今誕生です」。

生死《しょうじ》は佛《ほとけ》のみいのちなり、佛法《ぶっぽう》一大事《いちだいじ》の覚言《かくげん》でございます。

私どもはこの子たちと違い、そのほとんどの生きざまの中にはからい（計量）、俺の物差し、私の秤《はかり》をもって私の駆け引きで生きていきます。この子たちは生老病死《しょうろうびょうし》、すべてが命《いのち》限《ぎり》です。私たちは生老病はもとより、死すら、いわゆる死後も計量《はからい》する、私のはからいを死後にまで持ち込もうとします。生死が一如《いちにょ》とするならば、死にざまはそのまま生きざまです。その人の生きざまそのものを物語ると言って過言ではないでしょう。

今頃は死語になってしまいました。よく惻隠《そくいん》の情という言葉を私どもの恩師の方々が、折にふれかたられました。見るに忍びず、孟子《もうし》のお言葉だそうですが、「これをこのまま放置するならば、たいへんなことになる」と、イコール義憤《ぎふん》という言葉が、よく私どもの若

いころ使われました。きっと、先人たちは迷える私どもに真理《しんり》真実《しんじつ》を明《あき》らめる手がかりとして説かれたものと思われます。先ぱん、新大久保駅のホームから転落した方を救おうとして、一人の青年と一人の壮年が亡くなられた話が大々的に報道されました。報道によれば一人は、韓国からの留学生、一人はカメラマン、写真家を職とする方であられたそうです。感動が日本中を包みました。その死にざまが文字通りその人の生きざまを語っているという実感を得ました。「生死は仏の御いのちなり」。佐藤大姉のお手紙をご紹介します。

前略

先日はお忙しいところ、お手紙を頂きありがとうございました。

ご住職、奥様もお元気そうで何よりと思っています。

寺の子達は「カゼ」などひいてはいませんか？

支援物資を送ろうと思いながら手つかずになってしまい、申し訳なく思っています。

私事ながら、8月に第一子が誕生しました。（待望の）

心不全や脳内出血を起こしており、生きているのが不思議なほどでした。

入院先には、色々な事情のある子達が大勢いて、人間の人間性を考えさせられた毎日で

した。

何が普通なのか……。

何がよくて、何が悪いのか……。

人間として、何が一番恥ずべき行為なのか……。

どの子達も、皆、その子にとっては、それが普通です。誰のせいでもないし、まして、その子達のせいでもない。与えられた「生」を一生懸命生きようとしている。

今、改めて「生の尊さ」を学びました。

人間だけではありません。動物だって一緒です。「命」は重いです。その重い命を奥様と二人で支えているご住職に本当に頭が下がります。

現在、娘は、耳が聞こえないらしく、それほど反応は返してくれないですが、満一才になる猫が私をなぐさめてくれています。（猫が幼児返りしてしまいました。）

それと、ホットカーペットなどはお使いになりますか。住人（主人）が一人の時に使っていた物があるのですが……。よろしければニャー子たちに……、と思いました。

（電気は、危ないかしら……？）

又、何やらと送らせて頂きたいと思います。

福岡って、暖かいと思っていたら、それほど常夏……という訳ではないのですね。

この手紙が着くころには、お米やカイロ、カン詰など送りたいと思います。
お身体に気をつけて、奥様と寺の子達に宜しくお伝え下さい。

佐藤和恵

伊沢元彦さんという方の『逆説の日本史』という本の中にこんな一節がありました。

「当たり前のことは、一度当たり前になってしまうとだれも意識しなくなる」と。私たちは、いや、特に現代人と呼ばれる人たちは、それが大人にしろ子どもにしろ、大変な錯覚を持ってはいないだろうか。空気も水もお日様も、それ自体が存在しなければ一切の命は存在以前であるわけです。この当たり前のことを御事《おんこと》として私たちの祖先は崇《あが》めてまいりました。生きることへの謙虚さを温めてまいりました。私たちはこの御事、私の心に謙虚になり、当たり前のことが当たり前ではなく、有《あ》り難《がた》きこととして当たり前に感謝する――およそのところ、これが宗教とか信仰とかと呼ばれたものの始まりではないでしょうか。

もっとも、これらのものは多くの人々にとってなくては困るものと意識する以前のものでありましょう。時々私どもは、普通《ふつう》卒塔婆《そとうば》（ストゥーパ）と呼ばれておりますものに、インドの文字でと、こう書いてあるものや、漢字で地水火風空と書いてある石《せき》塔《とう》、床掛《とこが》けなどに出会います。これは私たちの先人《せんじん》たちが、私たちの命の正体が水であり、

空気であり、そしてお日様であり、すべての大自然であるということをまさに教えるために残してくれたひと文字でありましょう。

だからこそ生命《いのち》の正体は御仏（a—mita 量《はか》れ無《な》い）無量寿《むりょうじゅ》・不可思議《ふかしぎ》・無碍光《むげんこう》・文字通りアミダです。しかも如来如去《にょうらいにょこ》、去《さ》ることも、来《く》ることも無い「あたりまえ」なのです。

ひょっとすると私たちは、このとても重大で重要なことを、私たちの子どもや孫の世代の人々に、前述のとおり『当たり前のことなんだから』と伝え忘れているのではありますまいか。いや、それだけならまだいい。もう一度、ひょっとすると私たちは、政治に携わる人も教育者も、報道に携わる人さえも、更に宗教者さえも、そんなことは忘れてとんでもないことを、とんでもない大間違《おおまちが》いを、私たちの大事な子孫《しそん》に伝承《でんしょう》しているのではないだろうか。

つい数年前まで、欲惚《ぼ》けに花の咲いたようなバブルなどという時代が我が国にありました。バブルがはじけたとか終わったとか、今日言われます。しかし、そのとき、私たちや私たちの子孫に伝えてしまった私たちの大変な間違いはそのまま脈々《みゃくみゃく》と続いているようです。地位や名誉もさることながら、イコール金、人間の尊厳《そんげん》や諸々《もろもろ》の命、歴史や伝統、文化など、風土から生まれる芳《かんば》しき香《かお》り、美しさ、それらのものすべては何の意味もなく無

価値なものであり、すべての評価はお金を持っているか、力を持っているか、富を持っているか、それでしか物事《ものごと》が量れなくなってしまった、そういう時代を伝えていることです。そして、それがまだ覚めやらぬが我が国の人々の意識です、姿です。

私たちは時々、かつて東南アジアの国々を後進国としてその国の人々にお金をばらまきながら、横面《よこつら》を札《さつ》で張りながら、おごれる姿で見下していた日本のビジネスマンたちの涙ながらの反省の弁を聞くこともあります。まあ、いささかなりとも気づかれた人たちがいることは幸《さいわ》いでありましょう。

私たちの親の世代に私どもは敗戦を味

かかだんご

わい、一切の価値の崩壊を味わった。そして、私たちの世代にバブルの崩壊《ほうかい》という、また一切の価値や思いの転換を迫られました。

それは、まさに現実として私どもの周りを包んでいるようです。ほとんどの親が教育者が、本来、是非《ぜひ》善悪《ぜんあく》、理否《りひ》 曲直《きょくちょく》を語らなければならない、断言《だんげん》しなければならない、子どもたちの、孫たちの行くべき道をはっきり定めてやらなければならない指導者が、それらの迷いの中で何も語れなくなってしまった。我が子に、我が教え子に是非善悪、理否曲直、何が善で何が悪なのかを語れなくなってしまった、断言できなくなってしまう。結果として、怪しげな経済団体や怪しげな宗教団体の勃興《ぼっこう》を許し、我が国の精神世界の不安は極《きょく》に達していると言えます。

私どもの高祖《こうそ》大師《だいし》（永平寺《えいへいじ》御開山《ごかいさん》道元禅師《どうげんぜんじ》）は、学道《がくどう》は、アタマやこころ（気持や気分）でするものでは無く、心身《しんしん》・即ち身体得《しんたいとく》・身《み》をもって成《な》すべしと示されます。それはとりもなおさず学ぶものも教うるものも、ともに学道です。まさしく共学《きょうがく》です。

その共学をもって全身全霊《ぜんしんぜんれい》で教育学道にあたられた方がいます、幕末《ばくまつ》 長州《ちょうしゅう》の指導者「吉田松陰《しょういん》」です。

かつて私どもの恩師は、教育者とは「吉田松陰」この方をもって鏡《かがみ》とする、と指導されました。

ときどきその名を口にする私にあるとき唐突に私共のお弟子さんから、「吉田松陰とゆう人は何をしたのですか」と尋ねられたことがあります。私は教育学者でも、歴史学者でもありませんので、松陰先生が何を説かれ、いかに導かれたかは、「文献学的材料を詳しくもつわけではありませんが」と、お断りしたうえで次のように答えました。「一つの家が、今で言わば一つの政党が、当時であれば徳川家です。（それが現代であっても些《いささ》かの変《か》わりがあるものでは在《あ》りません。）

徳川家とゆう一つの家が国と人民を私《わたくし》する、支配することは（当時の幕藩体制《ばくはんたいせい》では「あたりまえ」のそのことが）実に、たいへんな間違いではないだろうか。とゆう「惻隠《そくいん》の情《じょう》」をもって若者はじめ多くの人々を導かれたと理解しておりますと答えました。

それはあたかも我《わが》高祖《こうそ》垂示《すいじ》の権化《ごんげ》の如《ごと》く（自《じ》。をして他《た》に同《どう》ぜしめて、後《のち》に他をして自に、と）共学《きょうがく》そのものです。獄《ごく》に入らば獄囚《ごくしゅう》と共に学《まね》び導《みちび》き、浅学未熟《せんがくみじゅく》に会《あ》わば、膝《ひざ》を屈《くっ》して目線を同じゅうす。

およそ一つの政党が、一つの組織が、国即ち国家国民を私《わたくし》してしまったとき、政治も教育も社会も間違ってしまうのではなかろうか、歪《ゆが》んでくるのではなかろうか、曲《まがり》くるのではなかろうか。

我高祖は永平《えいへい》知事《ちじ》清規監院《しんぎかんにん》の巻に、私に曲げることなくもって正しきを為《な》すと説《と》かれま

した。「禅家《ぜんけ》にもとより六知事《ろくちじ》あり。」禅苑僧堂《ぜんえんそうどう》では、まあ、形はいろいろございますが、それぞれの部署を司るところの知事、今日何々県知事、何々府知事として使われている言葉の原型です。その中の監院、文字通り監督、監察の職と考えていただいたらいいと思います。

親は、もちろん政治家も、教育者も会社や役所でも、首長、判事、検事、弁護士は論外のこと、少なくとも人の上に立つ者、指導する者は、「無私曲為公《むしきょくいこう》」公《ただ》しく、管理職者は、「私の都合《つごう》や勝手《かって》」で、公《おおやけ》つまり公（正）しきを「曲」げてはいけないのです。断じてそれはいけないのです。

ある「詩《し》」に出会いました。あまり記憶力が良くないのでずいぶん正確さをかくのですが、でも次のような「詩《うた》」でした。

「経済と言う名の神様に仕えてしまった
　わたしたち
お金（欲）だけが祈《いの》りになってしまった
生贄《いけにえ》は開発《かいはつ》（タマシイ・心）
　なのだろう
そして神様からの贈り物は公害
（と故郷《ふるさと》への決別《けつべつ》）

高速道路で一家四人の交通事故がありました。高速道路です、それなりに大きな事故も毎日のようにあることだと思われます。ただ、この事故は少し違《ちが》っておりました。飛び出してきたおキツネさんを避けようとして、この方たちは事故を起こして亡くなられてしまいました。

　高速道路や山を切り開いた道路などに、「動物注意」という表示をよく見かけます。心ある人の多くは、その表示がありますと少しはスピードを落とし、それなりに注意を払って通行されているようでございます。

　先日私は電車で移動中にお隣の席に座られた方々が新聞を詠みながらその事故を話題にしておられるのに出会いました。

「何ちゅうアホやろうね、こいつは」「そ

んなもの、畜生を避けるために死んでしまうか。他の車まきこんで事故でもあったらどうするんや。次の人がぶつからなんでよかったわい、轢いてまわな」「そういうときはやっぱり、もう行ききらなだめよね」というふうに一緒にいらっしゃった方々も相槌《あいづち》を打っていらっしゃいました。それも一つのご意見でございましょう。

聞かずもがなに聞こえてきたそのお話を聞きながら、私は皆様のご記憶がまだ新しいところでございましょう、有明《ありあけ》海のムツゴロウの海の堰《せき》に想《おも》いが駆《か》けました。あれはどういう仕掛けになっているのか分かりませんが、ボタン一つ押した途端、非常にリズミカルな運動で、ずうっと大きな鉄の扉が有明海を矢のように閉ざしていきました。その映像が、そのときどういうわけか一緒に交錯して私の頭の中に浮かんできました。今さかんに報道されているように有明の海が変わりつつあります。海苔《のり》はもちろんその海産物のすべてが大変な影響を受けて、漁業に従事する方たちが大変にお困りであるという。

私どもは、仕事がら地鎮祭《ぢちんさい》とか棟上式《むねあげしき》とか呼ばれるものに招《まね》かれます。時々、それをご覧になった若いかたがたなどから質問されます。「お米やお酒などを散米《まい》て、お唱《とな》えとかして一体《いったい》なんになるのですか？」と。

先ぱんやはりそういうお尋ねがございました。そこで私は、「何よりおめでたいお席なので、お気を悪くなさらないで、冷静《しず》かにお聞き下さい」と、お断りをして皆様に語りかけ

るかたちでお話しいたしました。

「お施主《せしゅ》は、この土地をたいへんな御苦労の末、金銭的にも価値あるものとしてお求めになった。そしていま建物《いえ》をたてられる。でも先哲《せんてつ》の智慧《ちえ》です。先人は、私たち子孫《しそん》に地鎮祭とかそれにちなむ儀式《ぎしき》を残すことによって、実にここが、先住神《せんじゅうしん》（先住生類《しょうるい》）からお借りしているのだとゆうことを悟《さと》らせよう、気づかせようとしてくれているのです。私たちの先人は、山を、川を、海を、自然を神とも考えました。そこで私たちの先人は、この土地の先住神である龍《りゅう》さんや、蛇《へび》さん、コンコンさんや、おタヌキさん、もろもろの草木樹《そうぼくじゅ》神《しん》たちに、「わたしどもは、ここをお借りいたします。それについては、正しい教えを守って正しい行いをします。自然を守り生類みな共生《きょうしょう》、協産《きょうさん》してまいります。ですからお貸しいただくと同時に、末永《すえなが》くお守り下さい」というふうにお願いをするわけです。先ほどの有明海もそうですが、高速道路もそうです。私たちが少しだけ謙虚に、少しだけ物事を後ろにさがって考えてみたときには、実は私どもより、ずうっと先に海に住んでいた、有明で言えばムツゴロウさんやお魚さんたちの海なんです。ほんの少しだけ私たちが、彼《か》の海の尊《とうと》き生命《いのち》に手を掌《あわ》せ、「お貸し下さい、私たちのかってですが少しだけ人間のために使わせていただきます」とゆう謙虚《けんきょ》さと祈りがあったなら、くどいようですが、私どもが、私ども人間の勝手で、海を山を、お借りするのです。少しだけ謙虚になって「みんなのために開発するんだから文句があっか」などという勝手な言葉を使わないで、人のために役立つなら何をしてもいいというようなおごりがあるなら、みんな捨てて、ほんの少しだけ私たちにお貸しくださいとのほんの少しの謙虚な祈りを持ったなら、あの有明の海も別の形ができたのではないかなと、部外漢ながら、同郷の者として思いをいたします。

このような不断の世相に、だれよりも早く、一番に対処しなければならない、たちふさがらなければならない政治家、宗教者、教育者は全く太刀打ちすることができず、社会不安は更に助長していくことでしょう。私たちも何度となく貧困ゆえに、水が止まる、火が止まる、（電気）（ガス）が止まる、

医《い》の恵みを受け難《がた》くなる、そんな苦しみを多く味わいました。私たちも人並みに現代人です。軟弱と形容できるほどの現代人です。いや、それ以上に甘やかされてしまった現代人だ。辛《つら》かった。二度と嫌《いや》だと思った。

しかし、今思う。私たちを含めて現代人は、少し頭のチャンネルを切り替えねばならない。お金がないから水や火が来ないのではない。それは地球や大自然が私たち人間のものだなどとおごってしまった、勘違いなどという言葉では済まないほどにおごってしまった、おごれる人々の思い上がりなのだ。金、富などと論ずるほどに私は私が恥ずかしい。金というが、人間が勝手につくり出した勝手な約束事なのだ。大自然は、金持ちだから、貧乏だから、地位があるから、美しいから、素晴らしいから、ハンサムだから、ブスなのだから、などと言って区別をするはずがない。太陽は、風は、いささかの偏《かたよ》りもなく、生きとし生きるものを照らしてやまない。燦々《さんさん》として分け隔《へだ》てなく、まさに如来如去《にょらいにょこ》、「当たり前に来て」、「当たり前に去《あ》る」。無処不周底《むしょふしゅうてい》、遍く照らして、住するところ無し、一切の偏りはありません。マハーバァィローチャナ（遍照金剛）は一切の隔《へだ》たりをまたすべての偏《かたよ》りを許しません。

このごろ「孫」という歌がたいへんヒットしたという。そう、そのかわいい孫や子供たちのために、私たちは、もういい加減にこの欲惚けに酔いしれた、花が咲いてしまった頭

を切り替えなければならない。本当に当たり前に尊いものは何かということに気づかなければならない。そうしないと私たちは、このいとおしい子どもたちに、先々とんでもない大バカ者だと笑われてしまう。同じことを言うようですが、棄嫌に刈る草も、愛着《あいちゃく》に散《ち》る花も、だからこそ一生懸命に、草は草いっぱいに、花は花いっぱいに咲き誇ります。雑草《ざっそう》は雑草だからといって、決して卑下《ひげ》したりいたしません。きれいな花も一生懸命。輝かしく誇れる花が、それそのものをおごれるようなことはありません。いささかの駆《か》け引《ひ》きも持ちません。ただ、あるがままに雑《ぞう》（草）華一如《かいちにょ》に、花は花いっぱいに草は草いっぱいに伸び誇ります。

そして、この子たちも、病気の子は病気のままに、障害のある子は障害のままに、老いるも死すも一生懸命です。調度たるに来た、この小さな菩薩《ほとけ》たちは力全《ちからいっ》パイです。頑張りましょう、この子たちに笑われないように。そして、当たり前の命を当たり前に力いっぱい、私たちに続く世代の子どもたちにがんばってくれるよう、本物のメッセージを、またその後に続く多くの命、人々に残してくれますよう、念願してやみません。

あとがき

いまだに、コロンブスの行為を発見と呼んで、偉業《いぎょう》として大陸到達日《とうたつび》にお祭り騒ぎをしている者達があります。それは、ただ略奪と虐殺を彼らのいう神と国王のもとに行なっただけのものなのに。しかし最も彼らの悪なことは、先住民（かって私たちがインデアと呼んできた）の人たちの心を殺してしまったことです。この人たちの文化そして伝統さらに宗教さえも言語とともに抹殺してしまいました。でも、恐ろしいことにこの人たちはそれが悪いことだとは全く思っておりませんでした。

劣れる人たちに劣性である人たちに、優性である自分たちが教えてあげるのだ！　正しい宗教・文化・芸術を教えてあげるのだ、秀れた自分たちが劣れる者に教えてやるのだと、「善意の正義」を振りかざしました。従わなかった先住民、いわゆるインディアンの酋長たちを次から次へと殺していきました。

私は一度、現地の教会などの前に先住民の酋長の像などが立っている写真を見せていただきました。今日となっては大変な反省がそういう布教者の方々にあって、その先住民の方たちの慰霊、私どもの言葉で言えば慰霊慰撫のために建てられたようです。

私どもが命に優劣《ゆうれつ》をいつまでも、いつまでも持ちつづける限り、本当に持ちつづける限り、命はすべて平等《ひとしお》であるということ、命に優劣はないということを私たちの子孫が、子

供や孫が本当に気づかなければ、人としての優しさを取り戻すことは、とても困難なことになってしまうでしょう。

遠い　田舎《いなか》の
見知らぬ寺の
見知らぬ子《こ》らを
たずねてくれた
さらにかなたの
見知らぬ町の
香《かお》りなる
見知らぬ人に
念《おも》いをはせる。生全寺を参《た》ずねてくださって「ありがとう」と。
子《こ》らと来《き》て、ながみし観山《やま》は　美《うつく》しく
南無観世音《なむかんぜおん》　嗚呼観世音《ああかんぜおん》

生全寺　沙門大光

九拝　和南

生全寺ホームページの紹介

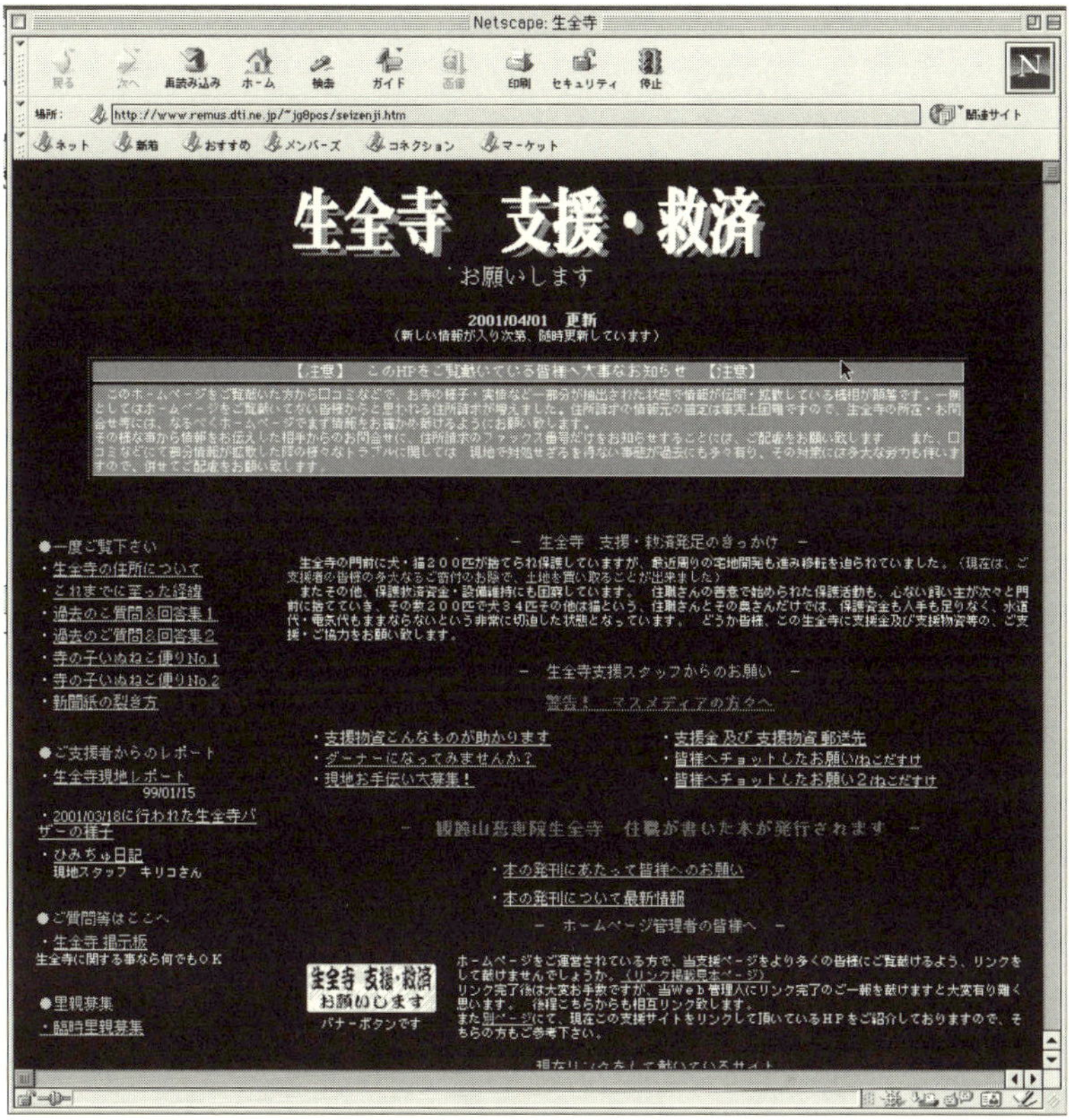

URL　http://www.remus.dti.ne.jp/~jg8pcs/seizenji.htm

生全寺の毎日や、支援の方法、ネコちゃん、ワンちゃんの写真など、盛り沢山のページです。

皆様へチョットしたお願い／「ＮＰＯ法人ねこだすけ」より

・和尚さんは若い頃と違い頑張りのきく健康状態ではありません。

・和尚さんご夫婦の二人っきりが続いています。

・ここの生全寺応援ボランティアさんには和尚さんや奥さんが手紙や電話のできる時に断片的に連絡があります。ホームページの運営やフリーペーパーなどの制作の他、ご質問などへのお答えも全て遠くからの生全寺応援ボランティアさんが、全国からご支援をして頂いている多くの皆様と全く同じ立場で行っています。できる範囲で、できる時にお手伝いをしていただいています。タイムリーにはできないこともありますので、皆様のご理解とご協力を、どうかよろしくお願いいたします。

・現地のリアルタイムの情報を、お伝えできるボランティアさんも未だいません。現地と情報交換のできる民間市民の支援グループもありません。

・遠くからの電話や手紙などでも、生全寺へ直接のご提案等は度々ありますが、事務的な事柄や動物保護グループとしての活動めいた事柄も、現場では実際に保護している動物に関わる作業が多いのと、告知物の制作や通信の労力やコストも課題となって、ほとんど進められません。時間がとれないのです。そこで、このようなひっ迫した中でのお願いです。

○ご支援のお届けはなるべくそのまま使えるモノ、または、募金でお願いします。
　現地での仕様確認などが必要な場合にはかなりの時間も必要です。
○お届けのお返事などが至急に必要な際には、なるべく返信先を記入した往復はがきや返信先などを明記した返信封筒などをお使いください。
○インターネットメールでのご質問の際には、現地に出かけられる等のプライベートな、ご連絡が発生したとき以外は、ホームページの掲示板をご利用ください。
○生全寺の電話番号は一度変更になっています。宅配の際には電話番号無記入でも届いていますが、記載が必要な際には従来通り、自動受信の可能なファクシミリ番号や、ご用件の要約などを記入し０３―３３５０―６４４０（ＦＡＸ）か、自動受信の困難な際には往復はがきでお問い合わせください。
○生全寺の現地に「現地の状況を知りたい」だけのお問い合わせが増えています。ご夫妻はできる限りお応えしていますが、かなりの時間がとられているはずです。そのため遠くからの応援スタッフにもホットラインの連絡が途絶えがちです。どうぞ、ご事情をご理解ください。

　今、考えられる善後策の特効薬は「現地で犬猫救済に直接労力を奉仕して頂ける」事で

す。
全国の皆様の遠くからの応援の声や、物資、募金はご夫婦の犬猫救済活動の原動力です。
現地でのボランティアさん探しや里親さん探し、地域で犬猫を既に飼っている方へ一生涯棄てず、手放さず、むやみに増やさず、適正に飼い続けてもらえることのお願い、などなどのほかにも、動物と素敵な共生を目指している生全寺では色々なことを、少しずつ、少しずつ進めようと頑張っています。
どうぞ、温かい応援をよろしくお願いいたします。

皆様へチョットしたお願い2

過去数十年に渡り、生全寺には複数の動物保護グループやジャーナリストや行政の他、地域住民も含めて好意的な関わりをいただいた皆様も大勢いらっしゃいます。

今、生全寺改善のために不可欠で最大の要素は、現地で共に犬猫を慈しみながら、犬猫に直接触れられるどなたかです。どなたかがいると、和尚さんご夫妻は「動物保護気運を世間に伝える為の時間」もとることができます。現地の狭い地域に効果的に動物保護気運

を伝えられるのは「現地で救済施設を運営している当事者」です。
世間の「法律や規制」はヒトが動物を守るだけには使われません。
残念ながら、「ヒトを動物から守るため」に使われるケースが多いのも事実です。

そのため生全寺から発信する「お願い」などのメッセージにも「ヒトを動物から守るため」の「強制力」つまり、大きな力による「動物の撤去」などにも充分すぎる程の細心の注意と、まだまだ残念ですが世間の動物保護気運に、より効果的に訴えるためには事前の多少の綱渡り的な根まわしも必要です。

生全寺には、間接的に得た電話番号などで、数十年にものぼる現在までの経過を問い合わせるさまざまな方が後を断ちません。問い合わせる方はひとりでも、同じ内容をくり返すほうは、実は大変な労力です。更に、この断片的な情報に基づいて「遠く」から「生全寺」を名乗る「お願い」などを、様々な機関などに発信すると、場合によっては、他の関わりのあるヒト達を動物から守るための「動物の強制撤去」に展開しないとも限りません。

残念ながら現行法の運用や判例などでは、民間の困窮シェルターが保護される前例は少ないのです。

そのためにも、全国のみなさまの遠くからのご寄付や物資支援のほか、現地に赴いてい

ただけるお手伝いは生全寺を続けるための唯一とも言えるほどの大きな力になっています。和尚さんご夫妻が直面している現地で「動物保護気運」を盛り上げる方向に進むための活力のみなもとです。ご支援を本当にありがとうございます。

生全寺は現在、非常にデリケートな状態におかれていることをご理解いただけると幸いです。オフラインでの生全寺への状況改善案や、動物保護気運に対する注進やご意見などは、個人法人を問わず、まずその前に０３―３３５０―６４４０（ＦＡＸ）に返信宛先や、かいつまんだご提案内容を明記の上送信してください。現地とも鋭意調整の上時期を改めてこちらからお返事させていただくこともできます。

ＮＰＯ（非常利特定）法人「ねこだすけ」代表　杵屋経人

なお、生全寺は、現在雲水安居などの申し込みをお断りいたしております。来訪は、かならず事前にお知らせ下さい。

今日《きょう》もお寺《てら》は猫日和《ねこびより》り

ひみつ日記《にっき》

明窓出版《めいそうしゅっぱん》 編集部編《へんしゅうぶへん》

明窓出版

平成十三年六月二一日初版発行

発行者――増本　利博

発行所――明窓出版株式会社

〒一六四―〇〇一二

東京都中野区本町六―二七―一三

電話　（〇三）三三八〇―八三〇三

ＦＡＸ（〇三）三三八〇―六四二四

振替　〇〇一六〇―一―一九二七六六

印刷所――モリモト印刷株式会社

落丁・乱丁はお取り替えいたします。

定価はカバーに表示してあります。

2001 Printed in Japan

ISBN4-89634-072-8

ホームページ http://meisou.com　Eメール meisou@meisou.com

近日発刊

「生全大光いのちを語る」

聯斌重道著

発行　門土社

この本は、ひとたび捨てられたにもかかわらず、運良く再び親代わりの留守居とそのなかまたちから愛情をそそがれ、奇しくも、全国のいのちを愛する人々から「寺の子」として慈《いつく》しまれている子たちの姿を、留守居（ご住職）が綴られた、いわば生命《いのち》の記録です。生命の御証なのです。尊き生命の叫びなのです。

その三十年に、なんなんとする歩みは、偏見《へんけん》と屈辱《くつじょく》、棄嫌《きけん》、中傷誹謗《ちゅうしょうひぼう》と向き合う歩みでもありました。

しかしなお、生全寺《しょうぜんじ》は問いつづけます。こころのふるさとを失いつつある現代人に、こころのふるさとからのことばを、問いつづけます。

定価1600円

この本に関するお問い合わせ、ご注文は、門土社まで
電話　045（864）0244
〒244-0815　神奈川県横浜市戸塚区下倉田町1478番地